日産自動車における未然防止手法 Quick DR
実践編

大島　恵　[著]

日科技連

まえがき

　日産自動車は2005年4月，設計品質の継続的向上を推進することを目的として，開発部門の中に「車両品質推進部」を設立した．筆者は，このとき開発部門のトップとなった山下光彦副社長のもと，この新組織を担当することになり，本格的に品質向上の仕組みづくりを始めた．

　設立に当たって，山下副社長から2つの要請があった．1つ目は，10年間継続できる品質向上の仕組みをつくることであった．この要請に応えるために，開発途中や市場で経験した設計起因の品質問題を抽出して，本質的に解決する技術を開発し，その結果を新車開発に適用する再発防止型の品質向上活動の仕組みを構築した．技術開発と製品への適用を分けることで効率的な継続可能な仕組みとした．日産独自の品質ばらつき抑制手法「QVCプロセス」は，この仕組みに活用するために開発した手法である．

　そして2つ目の要請は，「日産自動車は長年デザインレビューを実施してきたが，設計エンジニアが喜んでデザインレビューに参加しているように見えない．彼らがデザインレビューを学びの場として喜んで参加するように変えてほしい」というデザインレビューの改革であった．デザインレビューをより有効にかつ効率的に実施できるようにするとともに，設計エンジニアの学びの場に変える改革に取り組んだ．その方策が「Quick DR」の開発・導入とレビューアのマインドを変える「レビューア教育」である．

　Quick DRの開発・導入に当たっては，社内の有識者に加えてDRBFMの創始者である元トヨタ自動車の吉村達彦氏の協力を得て，Quick DRで活用するツールと実行プロセスの開発に着手した．実際の設計変更事例に適用し，その有効性を確認するとともに，具体的な事例による演習を含めた教育プログラムを開発した．これら約2年間の準備期間を経て，2008年に日産自動車社内，関連会社および部品サプライヤに向けて，Quick DRの導入宣言を行った．

Quick DR の導入宣言後，日産自動車開発部門のエンジニア約 5 千人に対し Quick DR 教育を実施した．さらに設計部署の部長層に対しても，レビューア教育の中で Quick DR のツールとプロセスの教育を実施した．また，各設計部署が実際の設計へ Quick DR を適用することを推進し，有効に活用できた良い事例を積み上げていった．

　その結果，各設計部の中で Quick DR 教育の受講者が増え，実際に Quick DR の有効性を体験することで，部課長層やエンジニアが Quick DR が有効かつ必要であることを理解し，定着していったが，それには導入宣言から 3 年ほどの期間を要した．その後，現在までで海外拠点を含めて 1 万人以上に教育を実施した．日産自動車では，すでに 1,000 件以上の Quick DR を実施しており，設計のプロセスとして定着している．

　そんな中，2012 年に Quick DR を有効な未然防止プロセスとして広く普及することを目的として，Quick DR とその導入・教育についてまとめた『日産自動車における未然防止手法 Quick DR』(日科技連出版社) を発刊した．
また，(一財) 日本科学技術連盟のオープンセミナーとして「設計開発における未然防止手法セミナー」と「レビューア育成セミナー」を年 3 〜 4 回開催している．そして，このセミナーを受講した自動車産業に限らずさまざまな業種の企業から，Quick DR の導入支援依頼をいただくようになり，「エンジニア向けの Quick DR 研修」，「レビューアの育成セミナー」，「Quick DR の実施事例の指導会」を企業に伺って実施している．

　Quick DR を導入した企業から Quick DR の導入の取組み，教育，効果的な適用事例等について情報交換をしたいとのご要望をいただくようになった．そこで，2017 年度から日本科学技術連盟の活動として，「Quick DR コンソーシアム」を立ち上げ，Quick DR に関する異業種交流を始めた．Quick DR を導入し活用している 9 社が四半期ごとに集まり，活発な情報交換を実施している．

Quick DR を導入以来実践してきたこと，オープンセミナーや企業向けセミナーで伝えてきたことを，本書『日産自動車における未然防止手法 Quick DR 実践編』としてまとめて発刊することとした．教科書や品質規格には書かれていない，設計の現場で役に立つ実践的な内容について 50 の視点から解説し，165 のキーポイントにまとめた．忙しい設計エンジニアの方々にも短時間で読んでいただけるよう，図やイラストを多数用いてビジュアルに理解できるようになっている．

　本書は以下の内容で構成されている．
　第 1 章　継続可能な品質向上の仕組みを構築する
　品質向上の取組みは，継続することにより品質向上につながる．本書の冒頭で，頑張らなくても継続可能な再発防止と未然防止の仕組みについて解説する．
　第 2 章　形骸化したデザインレビューを有効な未然防止に変える
　なぜデザインレビューが形骸化するのか，有効で効率的な未然防止プロセスに変えるためには何が必要かを「DR ツール」，「DR プロセス」，「DR レビューア」の視点から解説する．
　第 3 章　DR ツールの特徴を理解し有効に活用する
　DRBFM と FMEA には本質的な違いがある．その違いを理解して使い分けることにより，未然防止は有効で効率的になることを解説する．
　第 4 章　未然防止のための DR プロセスを構築する
　未然防止のための技術的なデザインレビューを進捗会議とは分けて，設計の新規性に応じて実施することで，DR プロセスが効果的で効率的になることを解説する．
　第 5 章　Quick DR を効果的・効率的に実施するポイントを習得する
　新設計に最も近い基準設計を選択して，機能の視点で変更点を考え，問題を発見する Quick DR を効果的・効率的に実施するキーポイントを解説する．
　第 6 章　レビューアのマインドセットを変える

レビューアが身に付けるべき設計エンジニアを育てるマインドと，それを実践するコミュニケーション力について解説する．

第7章　問題発見と解決につなげるレビューポイントを習得する

設計エンジニアが見落とした新設計に潜む問題を発見し，解決するためのレビューポイントを解説する．

第8章　設計品質問題の解決と再発防止の仕組みを構築する

設計要因の品質問題の解決と再発防止は，製造要因の品質問題と異なる手法やプロセスが必要であるが，それを解説した書籍がほとんどないため，未然防止に加えて，設計品質問題の解決と，再発防止に特化した手法・プロセスを解説する．

また，各章末に Quick DR を実際に導入し，活用している「企業の声」を紹介している．Quick DR を導入する際の参考にしていただきたい．

最後に，「企業の声」を執筆いただいた各社のみなさま，資料を提供いただいたボッシュ株式会社および積水化学工業株式会社に感謝します．また本書の企画，執筆でお世話になりました日科技連出版社の戸羽節文取締役，石田新氏に感謝します．

本書が Quick DR を活用しようとしている企業の方々に加え，継続的に品質を向上する仕組みを構築しようとしている企業にもお役に立てば幸いです．

2018 年 1 月

　　　　　　　　日産自動車 Quick DR エキスパート講師

　　　　　　　　一般財団法人日本科学技術連盟　Quick DR コンソーシアム　代表

　　　　　　　　　　　　　　　　　　　　　　　　　　　　大島　恵

本書の登場人物

開発担当役員
Aさん

設計部長
Bさん

設計課長
Cさん

設計担当
Dさん

設計担当
Eさん

レビューア
Fさん

生産技術担当
Gさん

実験担当
Hさん

サプライヤ設計担当
Iさん

目　次

まえがき………………………………………………………………………… iii
本書の登場人物………………………………………………………………… vii

第1章　継続可能な品質向上の仕組みを構築する……………………… 1

視点1　品質の取組みは継続することで品質向上につながる　2

> なぜ継続的な品質向上の取組みが必要か／10年間継続できる品質向上の仕組みを構築する／品質向上活動の成果をモニターする

視点2　設計品質を継続的に向上するフレームワークを構築する　4

> 企業が目指す中長期的な品質目標を設定する／品質フレームワークの概念を共有化する／品質ツールを整備し，品質目標を達成するプロセスを構築する／品質技術の蓄積と人財の育成を継続する

視点3　頑張らなくてもできる品質向上の仕組みを構築する　8

> 頑張る品質向上活動は続かない／頑張らなくてもできる効率的な品質向上の仕組みを構築する

視点4　再発防止プロセスと未然防止プロセスを構築する　10

> 再発防止と未然防止の違いを理解する／再発防止プロセスを構築する／未然防止プロセスを構築する

視点5　標準化を推進し未然防止を効率的に実施する　13

> 設計標準を考えて，守る文化を醸成する／造形で形状が決まる部品は，設計標準からの変更が認識しづらい／標準化が進むと未然防止も効率的になる

視点6　継続的な品質向上活動で品質とコストを両立させる　15

> 品質とコストは短期的にはトレードオフ／Good Designの蓄積で品質とコストを両立させる／品質とコストを両立したGood Designの事例

目　次　ix

視点 7　未然防止を継続するためにデザインレビューを効率化する　*18*

> デザインレビューを未然防止に特化する／設計の新規性で DR プロセスを分ける／デザインレビューのプロセスとツールを共有して手戻りをなくす

視点 8　Quick DR で自動車メーカと部品サプライヤをつなぐ　*20*

> B to B ビジネスと B to C ビジネスの違いを理解する／自動車メーカと部品サプライヤを Quick DR でつなぐ

視点 9　品質向上の仕組みは始めるよりやめる方が難しい　*22*

> 品質向上の方策を追加するときはやめる方策も考える／なぜやめるのが難しいのか／やめるにはトップダウンが必要

第 1 章のまとめ　*26*

第 2 章　形骸化したデザインレビューを有効な未然防止に変える ……*29*

視点 10　デザインレビューに必要な 3 つの要素を考える　*30*

> DR ツール：DR ツールを適切に選択する／DR プロセス：デザインレビューのプロセスを規定する／DR レビューア：エキスパートによる効果的なレビューを実施する

視点 11　なぜデザインレビューが形骸化するのか
　　　　①：「DR ツール」の問題　*32*

> FMEA ワークシート・DRBFM ワークシートを作成することが目的になっている／納入先に FMEA を提出することが目的になっている／帳票を追加するほど設計技術者が考えなくなる／問題発見のツールとして活用されていない

視点 12　なぜデザインレビューが形骸化するのか
　　　　②：「DR プロセス」の問題　*35*

> デザインレビューを実施する時期が遅い／進捗会議とデザインレビューが混同されている／未然防止と再発防止が混同されている

視点 13　なぜデザインレビューが形骸化するのか
　　　　③：「DR レビューア」の問題　*38*

> 設計エンジニアはデザインレビューに参加したくない／適切なレビューアがアサインされていない

視点14 設計の新規性を考えると未然防止は効率的になる　*40*

> 品質問題は小さな設計変更で起きている／新規性に基づいてDRプロセス・DRツール・DRレビューアを使い分ける／Quick DRで未然防止を効率的に実施する

視点15 形骸化したデザインレビューを有効にする方策　*44*

> 適切なDRツールを活用する／未然防止を目的としたデザインレビューの実施時期を開発プロセス上に規定する／エキスパートによる効果的なレビューを実施する

第2章のまとめ　*47*

第3章　DRツールの特徴を理解し有効に活用する　*51*

視点16 品質ツールの特徴を理解して適切に活用する　*52*

> 万能な品質ツールはない／品質ツールの推進部署を置いてはいけない／目的・適用領域から品質ツールを考える

視点17 FMEAは万能ではない　*55*

> FMEAは機能失陥の未然防止手法／製品ごとに一度はFMEAをつくっておこう／リスク優先指数は未然防止には役立たない

視点18 DRBFMの本質を理解して活用する　*61*

> 設計変更したところにリスクがある／DRBFMの着眼点は機能部位の変更点／対策は設計・評価(実験)・製造の3つの視点から考える／DRBFMはまったく新しい設計には適用できない

視点19 FMEAとDRBFMの本質的な違いを理解して活用する　*64*

> リスクの考え方が違う／FMEAは部品から，DRBFMは全体から考える／FMEAは機能失陥，DRBFMはすべての品質問題を考える／DRBFMは製造での対応も考える／設計の新規性から違いを考える

視点20 「変更点一覧表」の目的は心配な変更点を明確にすること　*67*

> 心配点につながる変更点を見つける／機能に基づき本質的な変更点を考える／基準設計と新設計のパーツリスト比較表ではない／新規性の判断で心配な変更点を絞り込む

目　次　xi

視点 21　「システム構成図」で変更点を共有化する　*71*

> 「システム構成図」で製品・システム全体を俯瞰する／すべての構成要素の新規性が高いとは限らない／システム構成図を共有化し育てる

視点 22　設計ツールと未然防止ツールを活用する　*74*

> ほとんどの製品は既存の設計基準・設計手法で設計されている／設計基準から変えたときに未然防止が必要になる／まったく新しい新機構の設計は先行開発が必要である

　　第 3 章のまとめ　*77*

第 4 章　未然防止のための DR プロセスを構築する …………………… *81*

視点 23　未然防止のための DR プロセスを構築する　*82*

> デザインレビューの目的と定義を整理しよう／未然防止のための技術的な DR プロセスを構築しよう

視点 24　デザインレビューを通すことを目的にしてはいけない　*85*

> ゲート管理は通すことが目的になる／経営判断と技術判断の場を分ける／問題を発見することを目的にする

視点 25　未然防止プロセスを設計の新規性・重大性・事業規模で
　　　　　考える　*88*

> 設計の新規性で 2 つの DR プロセスを使い分ける／起こりうる問題の重大性でデザインレビューの管理レベルを考える／事業規模が大きな開発は経営者による判断が必要になる

視点 26　まったく新しい設計には Full Process DR を活用する　*91*

> なぜ Full Process DR と呼ぶのか／技術的判断を行う Full Process DR とプロジェクト進捗会議を分ける／エキスパートの知見・経験・洞察力を活用する／Full Process DR の目的は設計エンジニアをサポートすること

視点 27　既存設計からの変更点には Quick DR を活用する　*94*

> なぜ Quick DR と呼ぶのか／Quick DR のプロセスはフレキシブル／設計構想から量産図面出図までに適用する未然防止プロセス／量産図面出図以降・生産立ち上がり以降も有効な未然防止プロセス

視点 28　未然防止 DR では問題を発見し解決できる参加者を招集する　　*97*

> 未然防止 DR は設計の仕事／実験や生産技術のエンジニアの参加が有効／サプライヤと共同で実施し，双方の知見を活用する／営業やサービスの声は企画に活かせ／参加者は 8 名，時間は 2 時間が最も効果的

第 4 章のまとめ　　*100*

第 5 章　Quick DR を効果的・効率的に実施するポイントを習得する　　*103*

視点 29　機能の視点で変更点を考える　　*104*

> 上位の階層ほど新規性が高い／機能部位で変更点を考える／複数の機能をもっている部品は機能部位ごとに分ける

視点 30　新設計に最も近い基準設計を考える　　*108*

> 前型車と比較する必要はない／基準設計は 1 つに絞る必要はない／自社で実績のある部品から新設計に近い基準設計を探す／生産立ち上がり後の設計変更では 2 つの基準設計を考えよう

視点 31　自社の知見に固執せず広く既存の技術を活用する　　*112*

> 部品サプライヤの技術をもっと活用する／サプライヤでの新規性に注意する／実績のある部品を自社製品に適用するときは変化点に注意する／「ノウハウだから答えられません」の本当の意味

視点 32　デザインレビューをやらない言い訳にエネルギーを使うな　　*116*

> 設計エンジニアはできればデザインレビューをやりたくない／心配につながる変更点を見つけるマインドを醸成する／新規性の判断理由は DR をやらない言い訳になりやすい

視点 33　DRBFM ワークシートを活用し変更により起こる問題とその対応を考える　　*119*

> 変更点があいまいであると DRBFM ワークシートが膨大になる／機能を列挙してその裏返しを故障・不満としてはいけない／変更点〜故障〜要因を論理的につなげる／システム・部品の故障の製品全体への影響および対応策を考える

視点 34　設計・評価・製造の視点で対応策を考える　*122*

> 必ず設計対応を考える／実験基準にない実施すべき実験を考える／想定した問題から優先順位の高い実験を考える／製造にかかわる問題も同時に解決する

第5章のまとめ　*125*

第6章　レビューアのマインドセットを変える　*129*

視点 35　設計エンジニアをサポートして育成するマインドをもつ　*130*

> ティーチングからコーチングにマインドセットを変える／設計エンジニアは気づくことで成長する／設計エンジニアを育成することで組織のパフォーマンスが向上する

視点 36　コミュニケーション力を向上させる　*133*

> レビューアに必要な3つの能力／コミュニケーション力を高める3つのコーチングスキル

視点 37　傾聴力：アクティブリスニングでデザインレビューの雰囲気を変える　*136*

> 設計エンジニアの話を最後まで聞く／アクティブリスニングでDRの雰囲気は大きく変わる／設計エンジニアは話すことで気づく／設計エンジニアを被告席に立たせてはいけない

視点 38　質問力：質問で設計エンジニアの気づきを引き出す　*139*

> 指示するのではなく，質問により気づきを引き出す／質問を繰り返して設計エンジニアと話のキャッチボールをする／設計エンジニアが「どのように設計したか」を質問する／指示するときは具体的に指示する

視点 39　共感力：正しい方向の努力を認めほめる　*143*

> 驚くほどほめることがなかった／デザインレビューの中でほめることの効用／効果的なほめ方

第6章のまとめ　*146*

第7章　問題発見と解決につなげるレビューポイントを習得する … 149

視点 40　設計エンジニアとは異なる視点で問題を発見する　150

> 設計エンジニアが考えていない領域に目を向ける／機能・性能向上対策の副作用を考える／境界領域に目を向け，問題を考える／変更の組合せによる問題を考える

視点 41　モノや図面を見て問題を発見する　153

> モノや図面を見ることで問題が発見できる／新設計と基準となる設計を比較することで問題を発見する／機能の視点でモノを見て問題を発見する／変更前後の断面図を比較して問題を発見する

視点 42　「他にないか？」と聞いてみる　156

> 抜けがないことを徹底するほど抜けが起こる／「他にないか？」という視点で広く見る／設計問題は設計すべき要因が抜けて起こる

視点 43　発見した問題を解決するまでがレビューアの役割　159

> 問題を指摘するだけがレビューアの役割ではない／問題と要因をともに考える／発見した問題はその場で解決しよう／対策の必要がないことも判断しよう

視点 44　指示するときは明確に具体的な指示をする　162

> 予告してから指示をする／具体的なアクションを指示する／設計対策は図面に落とせるレベルで指示する／誰が実施するかを決定するのもレビューアの付加価値

視点 45　正しい技術的判断を伝えることがレビューアの責任　165

> レビューアはお墨付きを与えてはいけない／正しい技術的な判断とその根拠を伝える

第7章のまとめ　167

目　次　xv

第 8 章　設計品質問題の解決と再発防止の仕組みを構築する ……… 171

視点 46　設計品質問題に有効な問題解決と再発防止の仕組みを
　　　　考える　　178

> 過去トラはためるだけでは役に立たない／製造問題の問題解決プロセスを設計問題に適用してはいけない／技術不足による問題は仕組みでは解決できない／技術的再発防止策は一般化してはいけない

視点 47　設計と製造の違いを理解して問題解決プロセスを構築する　　175

> 開発・設計と製造の本質的な違い／8D プロセスは製造品質問題の解決プロセス／設計品質問題に適用できる問題解決プロセスを構築する

視点 48　設計品質問題の解決に FTA を活用する　　178

> 技術的要因解析に FTA を活用する／技術的要因を MECE に考える／FTA と IS/IS not を組み合わせて真の原因を推定する

視点 49　設計品質問題の再発防止プロセスを構築する　　185

> 設計品質問題の再発防止は問題が解決してから実施する／技術・仕組み・人の視点から要因を解析する／技術的再発防止を必ず新設計に織り込む仕組みを構築する

視点 50　品質問題の芽は自ら発見する　　188

> 客観的品質データを分析し品質問題を発見する／回収した製品を分析して品質問題の芽を発見する／設計エンジニアが自ら品質問題を発見する文化を醸成する

第 8 章のまとめ　　190

付録 1　日産自動車におけるデザインレビュー資格認定と教育体系　　24
付録 2　事例の解説：ポップアップエンジンフードシステム　　59
付録 3　事例の解説：足元照明ライト　　70
付録 4　FTA と IS/IS not による要因分析事例　　181

参考文献　　195
索　引　　197

Quick DR 導入企業の声

1. クラリオン株式会社　*27*
2. 株式会社クボタ　*48*
3. ボッシュ株式会社　*78*
4. 積水化学工業株式会社　*101*
5. 日本精工株式会社　*126*
6. 三井金属アクト株式会社　*147*
7. カルソニックカンセイ株式会社　*168*
8. 河西工業株式会社　*191*

■本文イラスト：やまもと　あやの

第1章

継続可能な品質向上の仕組みを構築する

Key Message

企業における品質の取組みは,継続することにより品質向上につながる.頑張らなくても継続可能な有効で効率的な再発防止と未然防止の仕組みを構築しよう.

視点 1　品質の取組みは継続することで品質向上につながる

　製品品質を改善して競争力を上げたい，重大な品質問題の発生を未然に防止したいと考え，品質向上の仕組みの強化に多くの企業が取り組んでいる．このとき最も重要な，品質向上の仕組みを継続する3つのポイントを解説する．

①　なぜ継続的な品質向上の取組みが必要か

　どんなに品質が良い製品でも，1つでも不具合や重大な不満点が起これば，その製品はお客様に満足していただけない．1つの重大な品質問題が，積み上げてきた企業の信頼を大きく傷つけることもある．したがって，品質の取組みはすべての製品，すべての構成部品に対し，すべての組織において全員がやり続けることが必須であり，それを実現するために継続可能な品質向上の仕組みが必要である（図 1.1）．

②　10年間継続できる品質向上の仕組みを構築する

　筆者は，2005年に日産自動車開発部門のリーダーとなった山下光彦副社長のもとで，設計品質の向上に取り組み始めた．このとき過去に日産自動車が実施してきた品質強化活動を振り返ってみると，多くの活動は1年〜3年間の期間限定の特別品質活動，すなわち期間を限定してリソースを集中して品質改善を図る活動であった．それらは期間が限られていたため，目標を達成するとそこで終了となり，継続可能な品質の仕組みにつながらなかった．

　山下副社長は「10年後われわれはいなくても継続する品質向上の仕組みを構築しよう」と常々言われていた．品質に関しても短期的な成果を求める経

営層が多いが，日産自動車では，トップマネジメントの10年先を見据えたビジョンとリーダーシップが継続的な品質向上活動導入の大きな支えになった．

③ 品質向上活動の成果をモニターする

継続的な品質向上の仕組みを導入するとともに，その成果をモニターして仕組みの実行と有効性を確認し，改善を続けることも重要である．

お客様が新車を購入後3カ月，12カ月間，24カ月に起こる故障の発生率を，ワランティー（無償修理・交換）の請求結果から類推することができる．日産自動車では，この指標で中長期の改善目標を設定するとともにモニターしてきた．10年間のモニター結果を俯瞰してみると，多少の変動（スパイク）はあるものの，改善し続けており，継続することの成果を確認することができた．

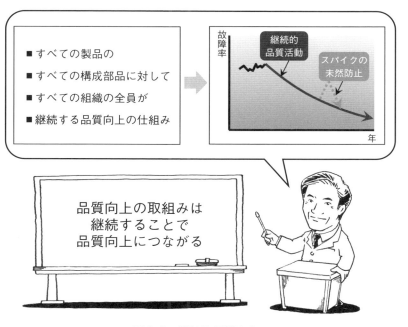

図1.1　継続的品質向上

視点2 設計品質を継続的に向上するフレームワークを構築する

品質を生産部門や品質保証部門だけの仕事と考えてはいけない．設計の質を高めなければ，どんなに生産工程で改善しても，生産現場で努力しても限界がある．ましてや品質保証部門では直接品質を改善することはできない．設計の品質を向上することが重要である．そのためには中長期的視点に立った継続可能な仕組み，「品質フレームワーク」の構築が必要となる．本節では，設計品質を継続的に向上する品質フレームワークを構築する4つの手順を解説する（図2.1）．

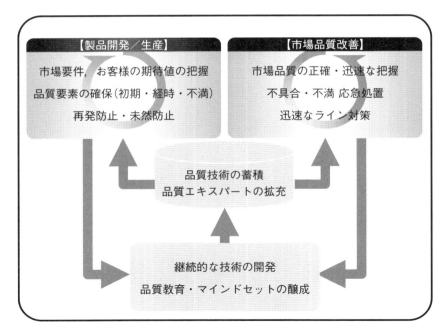

図2.1　日産モノ造り品質フレームワーク

① 企業が目指す中長期的な品質目標を設定する

まず初めに，企業が目指す中長期的な品質目標を設定する．目指す目標を設定することにより，何のために継続的な品質向上の仕組みを策定するかが明確になり，有効な方策の決定につながり，ムダな方策を排除することもできる．さらに，目標の達成度を評価することで，仕組みの有効性の確認と改善につなげることができる．

日産自動車では，開発／生産フェーズでは「不具合／不満を絶対出さない」，市場フェーズでは「不具合／不満は驚くほど早く直す」の2つを「品質の両輪」と呼んで，目指すべき目標とした．この目標の達成を評価するために，新車購入から3カ月，12カ月間，24カ月等の期間に発生する故障率と市場問題の解決期間を定量目標として設定しモニターしてきた[1]．

② 品質フレームワークの概念を共有化する

設定した品質目標を達成するためにどのように仕組みを構築するか，その概念を共有することが重要である．

日産自動車で設計品質の強化に取り組むときに策定し，品質活動の基本概念として共有化してきた「モノ造り品質フレームワーク」の概念図を，図2.1に示す．継続的に品質技術を開発，蓄積し，品質エキスパートを育成して製品開発に適用することで品質を向上する．そして，市場で顕在化した品質問題の迅速な解決に活かす．その中で顕在化した技術課題を解決し，次に活かす大きなサイクルを回すことを明示するのが，「モノ造り品質フレームワーク」である．この品質フレームワークを開発部門の役員，管理職，エンジニア全員が共有化し，行動の規範となるまで教育を続けてきた．

品質フレームワークの基本概念は一つの正解があるわけではない．その企業が開発，製造する製品の特長，強み，改善すべき品質課題，さらには企業文化に立脚して自社が目指すことと，方策の基本的考え方を構築することを推奨す

る．最も重要なことは，構築した基本概念を役員から設計エンジニアまで全員が共有化し，共通の行動規範となるまで徹底することである．

③ 品質ツールを整備し，品質目標を達成するプロセスを構築する

設計の品質技術を強化するために品質ツールを導入し，設計エンジニアに対して教育を実施し，品質ツールの適用を推進することや，品質工学，品質機能展開，シックスシグマ，FMEA，DRBFM などの有効なツールを整備し，活用することは必要である．しかし，これらの品質ツールを適用することを推進するだけでは継続的な品質改善の仕組みとはならない．何のために，どの時期に，どのように品質ツールを適用するかが重要である．すなわち「品質目標を達成するプロセス」が必要である．

日産自動車では，継続的に設計品質を向上するために，再発防止の品質プロセスと未然防止のプロセスを構築し，適用してきた．この品質プロセスについて視点 4(p.10) で解説する．

④ 品質技術の蓄積と人財の育成を継続する

設計品質を継続的に向上する品質フレームワークを支えるのは蓄積された設計技術とそれを活用できる設計エンジニアである．

品質技術の蓄積には，顕在化した設計起因の品質問題を本質的に解決し，その技術を新規設計に活かせるように標準化して蓄積する仕組みが必要である．視点 4(p.10) の再発防止型の品質プロセスは，このために導入したプロセスである．なお，設計品質問題の再発防止の仕組みは第 8 章(p.171) で詳しく解説する．

日産自動車では，人材を「人財」と呼び、技術を支えるエンジニアの育成に取り組んできた．品質フレームワークの導入に伴い，設計エンジニアを対象とした品質技術教育体系を新たに構築し，全世界の設計エンジニア約 1 万人を対

象とした教育を実施してきた．

品質フレームワーク構築のポイントを**図 2.2**に示す．

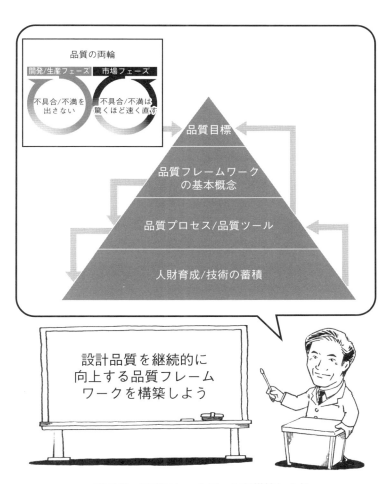

図 2.2　品質フレームワークを構築しよう

視点3　頑張らなくてもできる品質向上の仕組みを構築する

　品質向上活動を継続させるには，2つのコツがある．それは，「頑張らないこと」と「頑張らなくてもできる仕組みを構築すること」である．

①　頑張る品質向上活動は続かない

　企業の経営層や品質リーダーの方々と品質の取組みに関する話をするときに，「品質は継続することが重要である」ことを伝えると，「継続するコツは何ですか」という質問をよく受ける．そのときの答えは「みなさんが頑張ってやれと言わないことです」である．なぜならば，頑張る活動は続かないからである．

　品質を一気に良くしようと，期間限定でリソースを集中した特別品質向上活動が行われることがある．しかし，3年間頑張ってそれなりの成果があっても，実施期間が終わり，頑張ることをやめると，やがて品質は活動の前の状態に戻ってしまうことになる．

②　頑張らなくてもできる効率的な品質向上の仕組みを構築する

　品質を向上するために新たなプロセスやツールを導入するときは，最初は頑張ることも必要であるが，導入期間のゴールは日々の設計業務に組み込み，今ある日程や工数の中で頑張らなくても普通にできるようにすることである．これが達成できれば，導入期間が終わった後も継続することができるようになる（図3.1）．

　以下のような視点で，頑張らなくてもできる効率的な品質向上の仕組みを構

築しよう．
1) 有効で効率的な手法に絞って効果的に活用する
2) 実施期間と実施内容が整合したプロセスを適用する
3) ムダな資料作成をやめる

図3.1　頑張らなくてもできる品質向上の仕組み

視点4 再発防止プロセスと未然防止プロセスを構築する

　継続的に設計品質を向上するためには，品質ツールとともに品質プロセスが重要である．再発防止および未然防止の視点から品質プロセスを構築する3つのポイントを解説する．

① 再発防止と未然防止の違いを理解する

　継続的に品質を向上する仕組みである品質フレームワークは，再発防止プロセスと未然防止プロセスから構成されている．再発防止と未然防止の違いを理解して品質プロセスを構築することが重要である．再発防止は多くの企業で実施され，その定義は共有化されているのに対し，未然防止の定義は必ずしも共有化されておらず，再発防止との違いがあいまいな場合もある．日産自動車では，再発防止と未然防止を次のように定義した．

> 再発防止の定義：市場で起きた問題の原因を特定して解決策を標準化し，同じ失敗を防止すること．
> 未然防止の定義：新設計に起因する問題に気づき，市場で問題が起こる前に未然に防止すること．

② 再発防止プロセスを構築する

　市場で発生した品質問題を本質的に解決し，確実に次の開発に活かす再発防止プロセスは，次の3つのステップから構成される．

ステップ1：品質技術課題の特定
　市場で起きている品質課題を特定し，技術開発計画を策定する．

ステップ2：品質技術課題の解決と標準化

技術的要因を解明し，本質的な解決策を開発して，新製品の開発に活用できるように標準化して蓄積する．

ステップ3：新製品への適用

新製品開発で適用すべき蓄積された再発防止のために開発した技術をすべて特定し，新設計に適用したことをレビューする．

再発防止プロセスにおいては，ステップ2は新製品の開発の前に実施し，ステップ3では標準化された技術が確実に適用されたことをレビューする．このレビューを未然防止のデザインレビューと混同しないことが重要である．日産自動車では，以下の3つの再発防止プロセスを構築し適用している(**図4.1**)[1]．

1) **慢性不具合の解決プロセス**

市場で起きた不具合と同じような不具合が開発の過程で繰り返し発生することがある．この原因は市場で起きた問題に対し，対策はとったものの現象対策にとどまり，本質的に改善されていないからである．このような慢性的に起こる問題を特定し，本質的に解決して新製品に適用するプロセスである．本質的に改善した設計を Good Design Sheet(GDS)にまとめて蓄積し，新製品開発に適用する[1]．

2) **重大不具合の再発防止プロセス**

安全にかかわるような重大不具合や，故障率が高く多くのお客様にご迷惑をかけた設計起因の品質問題について，技術的要因を特定し，解決し，再発を防止するプロセスである．技術的再発防止策を Lesson Learned Report(LLR)にまとめて蓄積し，新製品開発に適用する．

設計品質問題の再発防止は，第8章(p.171)で詳しく解説する．

3) **ばらつき問題の解決プロセス**

自動車の性能にはばらつきがあり，ばらつきの下限でお客様の期待値を満足できずに不満の原因となることがある．日産自動車では品質工学を応用して性能のばらつきを抑制する設計手法を開発し，Quality Variation Control(QVC)と名付けた．このQVC手法を適用し性能のばらつきを抑制する技術を開発し，

新製品に適用するプロセスである[2].

③ 未然防止プロセスを構築する

再発防止プロセスを回すことで再発防止技術が蓄積され,その開発した技術に基づいて設計標準が充実する.しかし,設計標準がないまったく新しい設計をするとき,または既存の設計標準から何かを変更したときに新たな品質問題をつくり込むリスクがあり,新設計に潜む品質問題を発見し,未然に防ぐ未然防止プロセスが必要となる.未然防止の主要な方策がデザインレビュー(以下,DR)である.第2章以降では,未然防止のためのDRについて解説する.

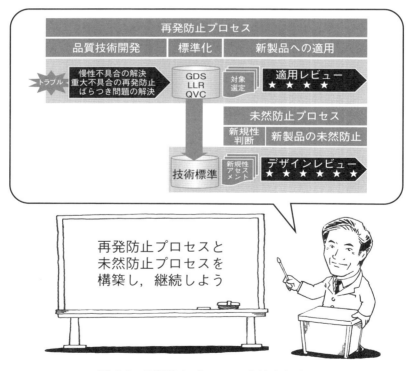

図4.1 再発防止プロセスと未然防止プロセス

視点 5 標準化を推進し未然防止を効率的に実施する

設計の標準化を推進することにより未然防止を効率的にする3つのポイントを解説する．

① 設計標準を考えて，守る文化を醸成する

一般的に設計エンジニアは，魅力ある製品をつくるために新しいことに挑戦したいと思っている．企業としてそのモチベーションを維持することも大切であるが，自動車のような機能失陥がお客様の生命にかかわる製品を設計する現場では，信頼性の高い製品を効率的に設計するために，設計標準を常に考えて遵守する文化を醸成することが必須である．

② 造形で形状が決まる部品は，設計標準からの変更が認識しづらい

自動車を構成する部品は，エンジンやシャシー部品のように機能を司る機能部品と，内装部品や外装部品のように，車の造形デザインで形が決まる造形対応部品に分類できる．

機能部品には，達成すべき機能に基づいた設計標準がある．または図面を変えた点が設計変更した点であり，設計変更を把握しやすい．

一方，造形対応部品は，新車開発では新造形に従って必ず形が変わり，図面が新しくなるため，守るべき設計標準からの変更が認識しにくい．しかし，新車になるごとに形状が変わる内装部品でも，取付クリップ形状やクリップ間の距離など，守らなければいけない標準があるべきである．

③ 標準化が進むと未然防止も効率的になる

設計標準を継続的に充実し，それを遵守する文化を醸成することにより，設計業務は効率的になる．それに加えて，設計標準の範囲を超えた新規設計が少なくなり，設計標準の範囲を超えるときもその変更規模が小さくなることで，未然防止も効率的に効果的にできるようになる（**図 5.1**）．

日産自動車では造形対応部品の設計に Quick DR を導入することで，設計標準を考え，遵守し，変更点に着目する文化が醸成された．

図 5.1　標準化の推進

視点 6 継続的な品質向上活動で品質とコストを両立させる

製品設計において，品質の確保と原価目標の達成は両立させなければならない．継続的な品質向上活動により，品質とコストを両立する2つのポイントと，その事例を解説する．

① 品質とコストは短期的にはトレードオフ

設計要因による市場品質問題に対策をとるときは，型変更による固定費と対策の追加による変動費がかかる．品質問題の解決とコストは短期的にはトレードオフの関係にあるが，企業として当然必要なコストをかけて品質問題を解決すべきである．しかし企業の競争力を維持するために，中長期的には品質とコストの両立が必要である．

② Good Design の蓄積で品質とコストを両立させる

視点4(p.10)で紹介した慢性的に起きている品質問題を本質的に改善し，標準化した Good Design の開発は，品質改善とコスト低減の両立に貢献するものである．市場で起きた品質問題や開発の途中で顕在化した品質問題を解決する場合は，設計自由度の制限があるために本質的な改善が難しく，現象対策に留まることも多い．また対策のために型変更や部品追加のコストが必要になる．

慢性不具合の解決プロセスを適用し，本質的に改善した Good Design を蓄積し，新車開発に適用することで，品質改善とコスト低減の両立が可能となる．新車開発で新たな型を起こすときに Good Design を適用すれば，追加の

固定費はかからない．また Good Design が合理的な設計になっていれば，変動費も低減できる．

日産自動車では，品質が優れていてもコスト競争力がない設計は使い続けることができないため，Good Design の要件を「品質が本質的に改善されていること」に加え，「合理的な設計でコスト競争力もあること」とした．

③　品質とコストを両立した Good Design の事例

自動車の車体は，ドアの開口部をもつ側面の構造とルーフ構造を，スポット溶接で接合している．このスポット溶接のための溝を隠すために樹脂製のルーフモールという部品でカバーしている．このルーフモールが熱収縮により面外に変形し，外観品質を損なう品質課題があった．この課題に慢性課題の解決プロセスを適用し，Good Design を開発した．

従来，断面形状や大きさが異なるルーフモールが使われており，面外変形の発生率も大きく異なっていることがわかった．熱収縮による発生メカニズムか

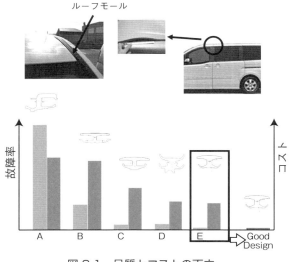

図 6.1　品質とコストの両立

ら，左右完全対象で心金と樹脂の断面積の比がある値のとき，最も変形しにくいことが解明された．従来のルーフモールと比較して品質が良く最もコストの仕様をGood Designとして標準化し，その後の新車すべてに適用することとした（**図6.1**）．

継続的な品質改善活動のポイントを**図6.2**に示す．

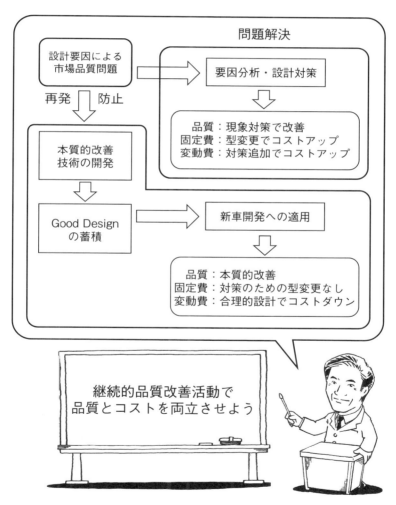

図6.2　継続的品質改善活動

視点 7　未然防止を継続するためにデザインレビューを効率化する

　品質フレームワークは再発防止プロセスと未然防止プロセスから構成される．再発防止プロセスでは，時間がかかる品質技術開発を新製品設計とは切り離して事前に実施し，その結果を製品設計に適用することで，限られた製品開発日程の中で品質向上が図れる．一方，未然防止プロセスは製品開発の日程の中で実施するため，継続できるように効率的に実施する必要がある．

　未然防止プロセスを効果的・効率的に実施するポイントは，第2章以降で詳しく解説するが，ここではDRを効率化する3つの方策を簡単に解説する（**図7.1**）．

① デザインレビューを未然防止に特化する

　プロジェクトの進捗会議やゲート管理では，ゲートを通すために報告者が膨大な資料を作成することがある．DRをゲート管理とは独立させて未然防止に特化することで，作成する資料を削減できる．

② 設計の新規性でDRプロセスを分ける

　新設計の新規性に基づいてFull Process DRとQuick DRを使い分けることで，DRを効率化することができる．まったく新しい設計に対してはFull Process DRを適用し，基準設計があり変更点を定義できる設計変更に対しては，Quick DRで効率的に未然防止を実施できる．

③ デザインレビューのプロセスとツールを共有して手戻りをなくす

DRのプロセスとツールを標準化し，DRに準備すべき資料を共有することで，手戻りとムダな資料作成をなくすことができる．

図7.1 未然防止も効率的にやろう

視点8 Quick DR で自動車メーカと部品サプライヤをつなぐ

　筆者は，Quick DR が自動車メーカと部品サプライヤをつなぐ共通のプロセスとなるように普及に力を注いできた．自動車メーカと部品サプライヤを Quick DR でつなぐ２つのポイントについて解説する．

①　B to B ビジネスと B to C ビジネスの違いを理解する

　自動車メーカのように，製品を購入し使用するエンドユーザーに製品を直接提供する B to C ビジネスでは，開発や製造の仕組みや手法を独自に決めることができる．また調達先の部品メーカに独自の要請をすることが可能である．一方，自動車メーカに部品を納入する部品メーカのような B to B ビジネスでは，品質ツールについて納入先の要請に対応する必要がある（**図 8.1**）．

②　自動車メーカと部品サプライヤを Quick DR でつなぐ

　自動車の開発・製造の仕組みは，自動車メーカ，１次部品サプライヤ，２次

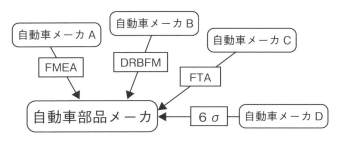

図 8.1　B to B ビジネスの難しさ

部品サプライヤと巨大なサプライチェーンで構成されている．日本のモノ造りの強みは，このサプライチェーンで技術的な情報交換，擦合せが行われ，良い製品がつくられることである．

日産自動車では，Quick DR を共通の DR プロセスとして自動車メーカと部品サプライヤがつながれば相乗効果が大きいと考え，部品メーカ向けの Quick DR 研修や，実施事例のサポートを積極的に実施してきた．

例えば，自動車メーカのエンジン冷却システム設計，1次部品サプライヤのラジエーターシステム設計，2次部品サプライヤのファンモーター設計が，変更点一覧と DRBFM ワークシートで結ばれることで，モーターファンの設計変更の DR が有効で効果的に実施できる（**図 8.2**）．

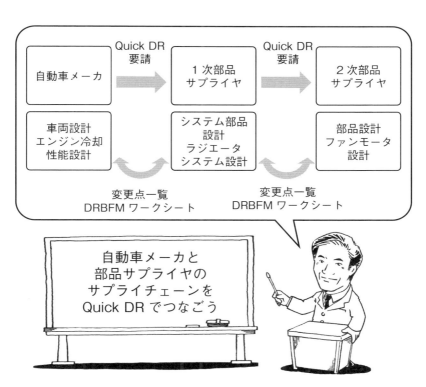

図 8.2 Quick DR で自動車メーカと部品サプライヤをつなごう

視点9 品質向上の仕組みは始めるよりやめる方が難しい

　新しい品質向上の仕組みを構築するときに難しいのが，従来から実施してきた方策やプロセスをやめることである．品質フレームワークを構築するときに従来の仕組みをやめる3つのポイントを解説する．

①　品質向上の方策を追加するときはやめる方策も考える

　品質向上の仕組みを改善し，新たな方策として品質ツールやプロセスを導入するときに必要がなくなった，あるいは効果的でない従来からの方策をやめることを同時に考えよう．ムダなことはやめるようにしなければ，設計の現場では新たな方策を実施することができない．

②　なぜやめるのが難しいのか

　従来から実施してきた品質向上の仕組みをやめるのは難しい．なぜならば，従来から実施していたことをやめて問題が起こることを恐れるがゆえに，誰もやめる判断をしたがらないからである．また従来から実施していた方策の推進部署や推進責任者がいると，やめると自分の仕事がなくなるために抵抗勢力になる．新しい仕組みを追加する一方で従来の仕組みをやめることができず，品質向上の仕組みが重複し，設計の現場が困っている実態が多くの企業で見られる．

③ やめるにはトップダウンが必要

日産自動車で DR 改革を行ったとき，品質保証部門にも未然防止の方策を推進している組織があった．この組織のスタッフを新組織に集めてデザインレビューの再構築のメンバーとして受け入れた．彼らは今でもデザインレビューの推進で活躍している．やめることを含めて新たな DR の仕組みは，開発部門のトップである副社長からトップダウンで展開した．ここまでやらないと，やめることは難しい（**図 9.1**）．

図 9.1　やめる方が難しい

付録 1　日産自動車における デザインレビュー資格認定と教育体系

日産自動車におけるデザインレビューに関する資格認定制度と教育体系を紹介する（図1）．

1. レビューアの資格と教育

(1) DR Expert

Full Process DR のレビューができる資格．エキスパートリーダーと呼ばれる部長級のエキスパートまたは部長から人選し，30技術領域に認定している．

(2) DR Reviewer

Quick DR のレビューができる資格．各技術領域をリードする上級のマネージャー層から人選し認定している．海外の開発拠点でも現地で Quick DR が実施できるように育成と認定を実施している．

図1　デザインレビューの資格認定

レビューアは，デザインレビューのツールとプロセスの教育およびコミュニケーション能力のトレーニングと実践を経て認定する．レビューアに必要な能力は第 7 章（p.149）で解説する．

2. Quick DR の受審者の資格と教育

(1) Quick DR Crew

エンジニア層を対象とした Quick DR のツールとプロセスを習得し Quick DR を実行できる資格．Quick DR Crew を育成する研修は，海外拠点・関連会社を含め 1 万人以上が受講している．またこの研修を 30 社以上の部品サプライヤーの拠点でも実施している．

(2) Quick DR Pilot

Quick DR を実施する Crew を指導しサポートする資格．設計の課長層を対象に Quick DR の実施事例の指導会を 3 回ほど実施し，認定する．部品サプライヤー向けにも事例指導会を実施し，Quick DR Pilot を認定している．

(3) Quick DR 認定講師

Quick DR の教育の質を維持しつつ，Quick DR の拡大に対応できるように Quick DR Crew 研修ができる講師を認定している．海外拠点および部品サプライヤーが独自に Crew 研修を実施できるように講師の研修と認定を行っている．

第1章のまとめ

継続可能な品質向上の仕組みの構築

1. 品質の取組みは継続することで品質向上につながる

2. 頑張らなくてもできる効率的な仕組みを構築する

3. 継続可能な品質フレームワークを構築する
    - 企業の品質目標を設定する
    - 品質目標を達成するプロセスを構築する
    - 品質技術を蓄積し人材を育成する

4. 再発防止プロセスで標準化を推進する

5. 未然防止プロセスを Quick DR で効率化する

6. 有効ではない方策は止める判断をする

Quick DR 導入企業の声

クラリオン株式会社

技術開発推進部　マネージャー

加瀬　泰久

[キーメッセージ]

　Quick DR 導入によりデザインレビュー(以下，DR)の効率が向上し，不具合未然防止力の強化につながっています．

[会社紹介]

　当社は，1951年の日本初のカーラジオ開発・発売以降，車載用音響機器メーカーの先駆者として，カーオーディオからカー AV，カーナビゲーションといった車載情報機器の進化とともに，取扱商品分野を拡大してきました．

　現在は，車両情報システムプロバイダーとして，インターネット情報，車載カメラ画像情報，車載センサー情報，車両制御情報などを統合管理し，世界中のお客様へ，安心・安全・快適・感動をお届けしています．

[Quick DR 導入の取組みとその成果]

　当社では，不具合の未然防止を目的に，2008年6月より Quick DR 導入の取組みを開始しました．その後，関連社内手順の整備と，Crew 研修による Quick DR 実施メンバーの拡充を図ってきた結果，現在 Crew 認定者は100名強となりました．

　しかし，Crew 研修の受講だけでは実務力量としては不十分なため，Crew 認定者の指導・サポート役を担う Quick DR Pilot の養成を2014年度より開始し，2016年度までに約10名が認定されています(**図1**)．

　また，量産機種の海外開発拠点である中国においても，この取組みが有効であると判断し，Quick DR 研修を実施し活用しています．導入成果としては，

図1　Quick DR　Pilot事例相談会の様子

以下が挙げられます．
1) 設計手戻りの低減，開発期間短縮
2) 型手配前までの設計品質向上による，型改造費用の低減
3) 設計者の開発品質向上スキルアップ

[新たに導入を検討している企業へのメッセージ]

　グローバルな自動車業界では，多くのカーメーカーからFMEAなどによるFull Process DRによる不具合の未然防止が要求されていますが，昨今の開発の規模拡大や，システム化などによる複雑化により，かかる工数も大幅に増大し，実開発工数を圧迫しています．Quick DRのような変更点に着目した取組みは，的を絞って効率的に不具合未然防止による品質向上を行えるものであり，開発現場での有用性は極めて高いものです．

　当初，新規性開発と捉えていたアイテムも，基準設計を明確にすることでQuick DRが適用できることが多く，その意味でもDRの効率化につながる手法であると推奨できます．

第2章

形骸化したデザインレビューを有効な未然防止に変える

> **Key Message**
>
> 形骸化したデザインレビューを有効で効率的な未然防止プロセスに変えるためには何が必要か,「DRツール」,「DRプロセス」,「DRレビューア」の視点から考える.

視点10 デザインレビューに必要な3つの要素を考える

　多くの企業で「デザインレビュー」，または「DR」と称した活動を見てきた．しかし，「本当に未然防止につながっているのだろうか」と疑問をもたざるを得ない，形骸化した活動が実に多いと感じている．なぜデザインレビュー（以下，DR）が形骸化するか，DRの要素から考えてみよう．

　未然防止活動を強化することを考えるときにFMEA，FTA，DRBFM等のデザインレビューツール（以下，「DRツール」）を導入することが活動の中心になりがちであるが，設計の現場で有効な未然防止を実践するにはツールを導入しただけでは不十分である．有効な未然防止のためには，「DRツール」に加え，それを実行する「DRプロセス」と，エキスパートすなわち「DRレビューア」によるレビューが必要である．

　DRの3つの要素について，それぞれあるべき姿を簡潔にまとめると，以下のようになる(**図10.1**)．

① **DRツール：DRツールを適切に選択する**

　FMEA，FTA，DRBFM等のDRツールの特徴を理解し，対象とする設計の規模や新規性を考慮して，最も適切なツールを未然防止のために活用する．

② **DRプロセス：デザインレビューのプロセスを規定する**

　新設計に潜む問題を未然に発見し，その対応策を生産図面に反映することができるように，未然防止のためのDRを実施する時期を製品の開発プロセスに規定し，それを実践する仕組みを構築する．

③ DRレビューア：エキスパートによる効果的なレビューを実施する

未然に問題を発見し，解決するために，エキスパートの経験，技術，洞察力を活用する．そのために，必要な技術領域のエキスパートをレビューアとして任命し，適切なレビューアがその知見を活かせる仕組みを構築する．

実際の設計開発の現場でなぜDRが形骸化するのか，次の視点11以降，このDRの3つの要素から解説する．

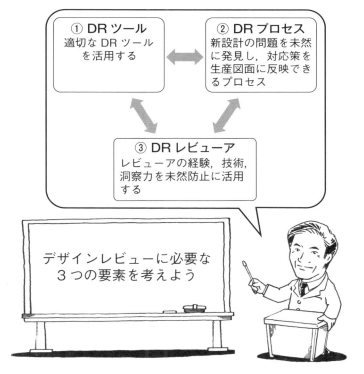

図10.1　デザインレビューの3要素

視点 11　なぜデザインレビューが形骸化するのか ①：「DRツール」の問題

　適切な「DRツール」が未然防止のために有効に活用されていないがゆえにDRが形骸化する4つの問題点について解説する(図11.1)．

①　FMEAワークシート・DRBFMワークシートを作成することが目的になっている

　多くのメーカでは，品質問題や製品安全の問題を未然に防ぎ，リスクを低減するためにFMEA，FTA，DRBFM等のDRツールを導入してきた．このとき陥りがちなことは，その手法を実行すること自体が目的化されることである．

　品質保証組織や品質活動を推進する部署が品質手法を導入し，手法の教育と手法の適用を推進していくことが多い．手法を推進する部署はFMEAやDRBFMを正しく確実に実施することを推進する．そのため，実施したこと，実施した件数を管理指標とすることが多い．

　こうなってしまうと，実際に未然防止を実行すべき設計部署では，FMEAワークシートやDRBFMワークシートを作成することが目的になり，新設計に潜む問題を発見し，解決するという本来の目的を忘れがちになる．

②　納入先にFMEAを提出することが目的になっている

　自動車産業では，多くの自動車メーカがQS 9000に始まる品質規格に則り，FMEAを実行することを自動車部品サプライヤに要求している．自動車部品サプライヤは要請事項を遵守するためにFMEAを作成し，自動車メーカに納入し，自動車メーカは確実にFMEAが実行されたことを確認する．本来自動

車メーカと自動車部品サプライヤの間で実施すべきことは，双方の技術や情報を駆使して問題を発見し解決することであることを忘れていないだろうか．

近年 FMEA ワークシートを作成するソフトが普及したことにより，膨大な量の FMEA ワークシートが簡単に作成できるようになった．その弊害として，シート作成を目的とすることが助長されることを懸念している．

③ 帳票を追加するほど設計技術者が考えなくなる

品質問題が起こるたびに漏れがないことを指向して，帳票類が追加される傾向にある．新設計に起因する問題を漏れなく発見できるように，様々な帳票が工夫されてきた．

しかし，これらの帳票を機械的に埋める作業では，新設計の問題は発見できない．設計エンジニアが考えることによって問題は発見できる．視点を与えた帳票を増やすほど設計エンジニアが帳票を埋める作業に没頭し，考えることがおろそかになり，結果的に問題を見逃すことになりかねない．帳票類を増やすのではなく，製品の特徴や設計の新規性を考慮して，最も適切な手法を活用することを未然防止手法の推進部署が考えないと，設計の現場では手が回らなくなり，結果として見逃しが起こることになる．

④ 問題発見のツールとして活用されていない

有効な未然防止のために必要なことは，新設計に潜む問題を発見することである．しかし DR において，設計エンジニアは新しい設計に問題がないことを説明することにエネルギーを使いがちである．一方，承認者は問題ないことを求め，それを確認したいと思っている．このマインドセットを問題の発見に変えて，FMEA や DRBFM を問題発見のツールとして活用することが必要である．FMEA と DRBFM は問題発見の方法が異なる．この違いを理解して問題発見に活用し，問題の解決につなげることが有効な未然防止につながる．

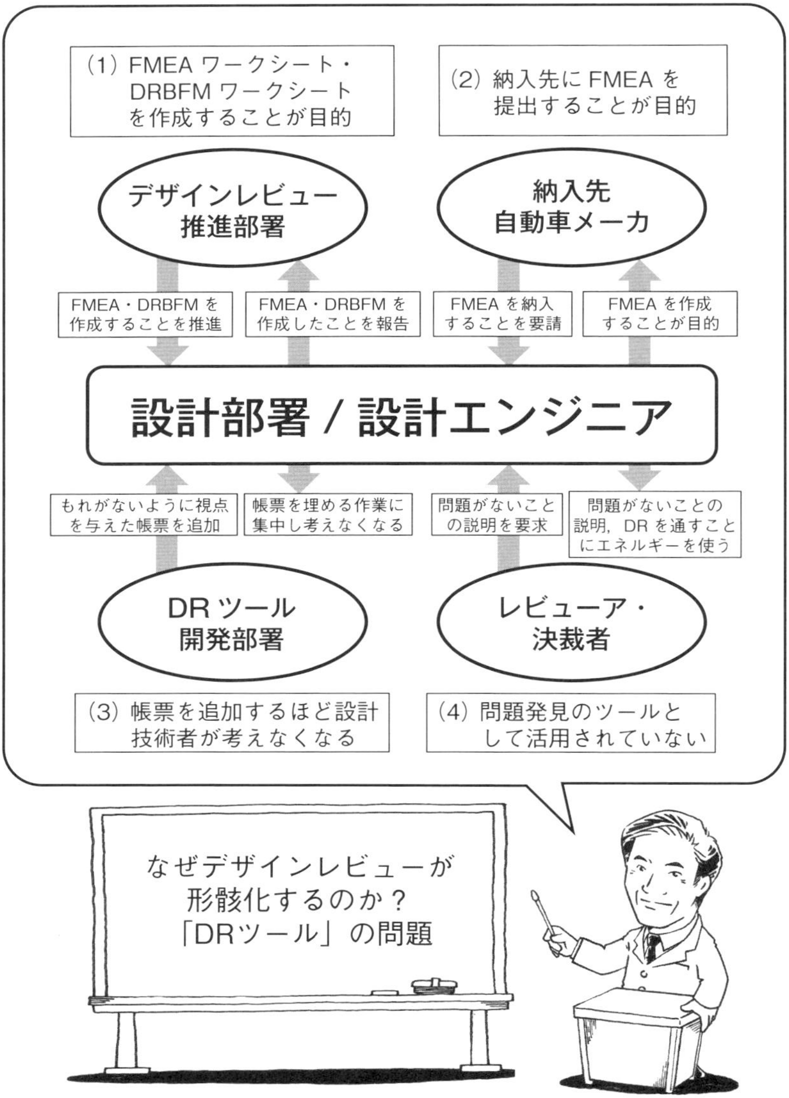

図 11.1　なぜデザインレビューが形骸化するのか①:「DR ツール」の問題

視点12 なぜデザインレビューが形骸化するのか②：「DRプロセス」の問題

新設計に潜む問題を発見し，その対応策を生産図面に反映できる「DRプロセス」になっていないがゆえにDRが形骸化する3つの問題点について，解説する（**図12.1**）．

① デザインレビューを実施する時期が遅い

DRの目的は，新設計により新たな品質問題の種をつくり込むことを未然に防ぐことであり，新設計に潜む問題を発見し，その解決策を新製品に反映することである．そのためにはDRは，量産図面の出図や量産型の製作着手の前に実施されなければならない．どんなに立派なFMEAワークシートやDRBFMワークシートを作成しても，その結果が量産図面に反映されなければ未然防止にはならない．したがって，DRを新製品の開発プロセス上適切な時期に実施することを明確に規定し，それを遵守することが，未然防止のために最も重要なことである．

流行語大賞に選ばれた「今でしょ！」という林修先生の名言は受験生を勇気づけたが，DRにおいては「今では遅いでしょ」といいたくなることが多々ある．DRを通すこと，すなわちレビューアや決裁者の承認をもらうことを目的と考えると，承認を得られる目処が立つまでやらないということが起こる．自動車部品サプライヤが納入先の自動車メーカに，新設計に何も問題がないことを説明するために、生産立ち上がりの段階でFMEAを完成させて納入することも多い．

有効な未然防止のためには，DRの手法も重要であるが，それ以上に未然防止につながるプロセスを規定して，それを遵守することが重要である．

② 進捗会議とデザインレビューが混同されている

　未然防止を目的としたDRと，製品開発の進捗を管理する節目の進捗会議が混同されている場合がある．製品開発の節目で開発の進捗を確認し，Go／No Goを決める経営判断の会議体は企業にとって重要である．しかし品質の作り込みの状況を技術的に判断するDRは，経営判断をする会議体の前に実施し，正しい技術的な判断を踏まえて経営判断すべきである．

　しかし多くの企業では，技術的なレビューと経営判断をする進捗会議を分離せずに，DRという名称で同時に行われている．その結果，DRを通すことが報告者の目的になり，問題がないことを説明するために膨大な資料を用意することに時間を費やすことになる．技術的に正しい判断をする場と，その結果を踏まえて経営判断する場を分けることが，設計エンジニアの負荷を下げるためにも，正しい経営判断をするためにも必要である．

③ 未然防止と再発防止が混同されている

　設計品質問題を防止するために各企業では，設計エンジニアが正しく基準どおり設計したか，また問題をつくり込んでいないかを確認するため，検図などのプロセスを実行してきた．これに加え，過去に経験した不具合の再発防止策が織り込まれたかを確認するプロセスが強化されてきた．

　ここまでは多くの企業でプロセス化されているが，未然防止のための技術的な判断をするDRがプロセス上規定されていない，または再発防止の確認と混同されている場合がある．有効な未然防止のためのDRを再発防止に加え，明確に設計プロセス上に規定することが必要である．

視点12 なぜデザインレビューが形骸化するのか②:「DRプロセス」の問題　37

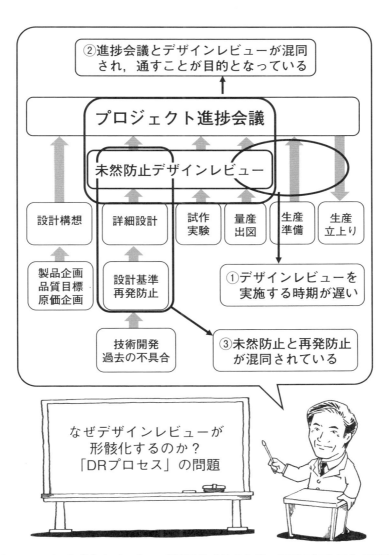

図 12.1　なぜデザインレビューが形骸化するのか②:「DRプロセス」の問題

視点 13　なぜデザインレビューが形骸化するのか ③：「DR レビューア」の問題

DR が形骸化する「DR レビューア」に関わる2つの問題点について解説する．

①　設計エンジニアはデザインレビューに参加したくない

設計エンジニアが見逃した新設計に潜む問題を，レビューアが自らの経験・技術・洞察力を活用して未然に発見し，解決できれば，DR は有効な未然防止の方策となる．しかし，設計エンジニアが積極的に喜んで DR に参加したいと思っているだろうか．時間をかけて努力して準備をしても，DR では不備を指摘され，さんざん怒られて，あげくのはてに多くの宿題をもらうことになるので，できれば参加したくないと思っていないだろうか．レビューアは「設計の不備や起こるかもしれない問題を指摘することが役割」だと思い，受審者である設計エンジニアは「何も指摘がなく無事に DR を通すことが目的だ」と思うと，問題発見とその解決という目的からかけ離れた形骸化された DR になる（図 13.1）．

レビューアが，自分の役割は設計エンジニアをサポートし，新設計の問題を発見し解決して未然防止につなげるとともに，設計エンジニアを育成することだと理解すれば，DR は大きく変わる．形骸化した DR を有効な未然防止の場に変えるには，レビューアのマインドセットを変えることが必要である．

②　適切なレビューアがアサインされていない

エキスパートによるレビューは有効であるが，適切なレビューアが必ずレ

ビューする仕組みを構築することは簡単ではない．設計部署の上級管理職が職位上レビューアになることも多いが，マネジメントの責任者である部長が必ずしも技術的なエキスパートとは限らない．また小さな組織では組織内に適切なエキスパートがいないという悩みもよく聞く．

そのため，DR が問題指摘だけの場になり，設計エンジニアの負荷は増えるが未然の問題解決にならないということが起こりうる．有効な未然防止のためには，DR においてレビューを実行できるエキスパートを育成し，DR レビューアを業務としてアサインすることが必要である．

図 13.1　なぜデザインレビューが形骸化するか③：「DR レビューア」の問題

視点14 設計の新規性を考えると未然防止は効率的になる

　まったく新しい機構や構造を設計する場合と，従来の知見に基づいて一部を変更する場合で，未然防止の進め方が同じである必要はない．設計の新規性により未然防止のツールやプロセスを使い分けることで，未然防止を有効で効率的にする3つのポイントを解説する．

① 品質問題は小さな設計変更で起きている

　市場で発生した重大不具合と設計の新規性の関係について，日産自動車で分析した結果を**図14.1**に示す．図14.1を見ると，重大不具合はすべて従来設計から一部を変更したところで起きている．新規性が高く重大性の高い問題が予測され，DRを実施したところでは重大不具合は起きていない．同様の分析を多くの企業で実施したが，製品の違いによらず同じ結果であった．すなわち，品質問題は小さな設計変更で起きている．

② 新規性に基づいてDRプロセス・DRツール・DRレビューアを使い分ける

　小さな設計変更による品質問題を未然防止するには，従来より短時間で効率的に未然防止ができる方法が必要である．その答えが「Quick DR」である．

　日産自動車では，まったく新しい設計には，従来から実施してきたDRをFull Process DRとして再編して適用し，従来設計からの変更を定義できる小さな設計変更にはQuick DRを適用する仕組みを導入した．設計の新規性に基づいて，以下のようにDRプロセスとDRツール，DRレビューアを使い分け

視点14　設計の新規性を考えると未然防止は効率的になる

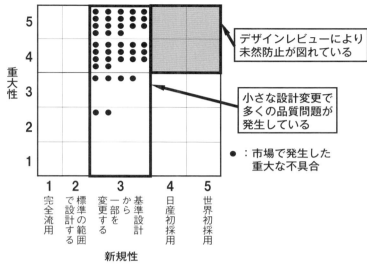

図14.1　重大不具合の発生領域

る仕組みとした（**図14.2**）．

(1) DRツール

FMEAとDRBFMをその特徴を活かして使い分ける．Quick DRでは作成する帳票を変更点一覧表とDRBFMワークシートに絞り込む．

(2) DRプロセス

設計構想から初期流動まで詳細にプロセスを定義したFull Process DRに対しQuick DRでは簡単なステップのみ規定しフレキシブルに運用する．

(3) DRレビューア

設計の新規性に応じて2段階のレビューアを認定する．

③　Quick DRで未然防止を効率的に実施する

多くの企業で重大な品質問題が起こるたびに，新規性の高い設計において抜けがないようにDRの帳票を追加し，管理，監査を強化することが起きてい

		Full Process DR	Quick DR
設計の新規性 （実施数）		世界初，日産初の開発 （数件／プロジェクト）	基準設計から一部を変更 （30～50件／プロジェクト）
DR ツール	メイン	FMEA FTA	DRBFM 変更点一覧表
	サブ	機能ブロック図 信頼性ブロック図	サブシートをつくらない
DRプロセス		設計構想～初期流動までを カバーするプロセスを定義 （DR#1～DR#6）	4つのステップのみを規定し フレキシブルに通用する
DRレビューア		DR Expert 部長クラスのトップクラス エキスパートから任命する	DR Reviewer Quick DRに特化して実務レベル のリーダー層から任命する

図14.2　設計の新規性に基づく2つのデザインレビュー

る．その結果，設計エンジニアは帳票の作成や監査を通すための準備に多くの時間をかけることになる．DRが重くなり，小さな変更すべてにDRを実施することができなくなる．

図14.3　「抜けがないか」の呪縛

新規性が高い設計に適用する Full Process DR と小さな変更点に適用する Quick DR を分けることにより，「抜けがないか」の呪縛から解き放たれ，徹底的に効率的な DR が実施できるようになる（**図 14.3**，**図 14.4**）．

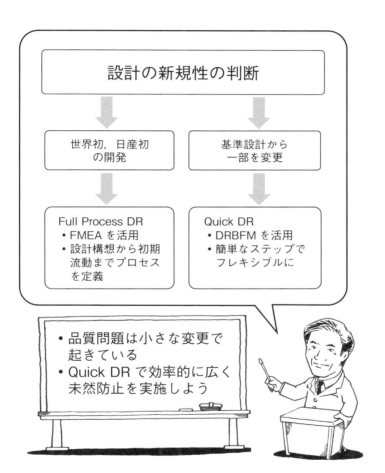

図 14.4　Quick DR で効率的に未然防止を実施する

視点 15 形骸化したデザインレビューを有効にする方策

DRの3要素，DRツール，DRプロセス，DRレビューアの視点から，DRが形骸化する原因をまとめた．ここでは，DRを有効で効率的な未然防止に変える3つの方策をまとめる．

① 適切なDRツールを活用する

(1) FMEAとDRBFMの特徴を活かす

すべての機能を考え，構成部品の故障モードから機能失陥を考えるFMEAと，変更点・変化点に着目して問題を発見し，解決するDRBFMの特徴を理解して適切に適用する．

(2) サブ帳票を増やさない

設計エンジニアが，エキスパートと同じように問題を見逃さないための視点を与えた帳票を追加しがちである．しかしこのような帳票を増やすほど設計エンジニアは帳票を埋めることに時間をかけ，結果的に問題を考えることが弱くなることになりかねない．チェックリスト的な帳票を増やすことは効率的な未然防止につながらない．

(3) 問題がないことを説明する資料を作らない

DRを通すことを目的とすると，新設計に問題がないことを説明する資料をたくさん作りがちである．DRが問題を発見し，未然に解決する場とすると，作成資料を大幅に減らすことが可能となる．

② 未然防止を目的としたデザインレビューの実施時期を開発プロセス上に規定する

(1) 新設計の問題を発見し，解決するためのDRプロセスを規定する

多くの企業で開発プロセス上にDRを規定しているが，そのDRの定義はまちまちである．未然防止のための技術的なDRを実施しているにもかかわらず，いつDRを行うか開発プロセス上で明確に定義されていない企業が意外に多い．

(2) 未然防止対策が量産図面にフィードバックできる日程で実施する

未然防止のためのDRは，そこで発見した問題の対策が量産図面に反映できる時期に実施しなければならない．

(3) プロジェクト進捗会議と未然防止のためのデザインレビューを分ける

多くの企業でプロジェクトの進捗会議と未然防止のためのDRが混同されている．プロジェクトの進捗を管理したり，経営判断をする進捗会議と，未然防止のための技術的なDRをプロセス上できちんと分けて規定する必要がある．

③ エキスパートによる効果的なレビューを実施する

(1) レビューアのマインドセットを変える

新設計に潜む問題を発見して未然に対策するためには，エキスパートの知見，経験，洞察力が大変有効である．レビューアの役割は，問題を指摘するだけではなく，設計エンジニアをサポートして，ともに製品品質を向上することであるというマインドセットと，そのためのスキルの教育が必要である．

(2) レビューアを業務として明確にアサインする

一般的にレビューができるエキスパートは忙しく，多くの企業でレビューアをDRに招請するのが大変だという声を聞く．レビューアをボランティアではなく，業務上明確にアサインすることも必要である．

(3) DR プロセスと DR ツールを共有化する

DR プロセスや DR ツールを整備する過程では，受審者である設計エンジニアとレビューアが正しくプロセスとツールを共有化することが必要である．これができていないとレビューアごとに異なった準備を設計エンジニアがするなど，ムダが発生する．

レビューアと設計エンジニアが共通のマインドセットをもつことで，DR は有効で効率的な未然防止となる(**図 15.1**)．

図 15.1　共通のマインドセット

第2章のまとめ

有効な未然防止の進め方

なぜ DR が形骸化するか

「DR ツール」の問題
- FMEA・DRBFM をつくることが目的
- 納入先に FMEA を提出することが目的
- 帳票を追加するほど設計エンジニアが考えなくなる
- 問題発見のツールとして使われていない

有効な未然防止の方策

FMEA と DRBFM の特徴を活かした有効な DR
第3章
DR ツールの特徴を理解し有効に活用する

「DR プロセス」の問題
- デザインレビューを実施する時期が遅い
- デザインレビューを通すことが目的となっている
- 未然防止と再発防止が混同されている

設計の新規性に応じた2つの DR プロセス
第4章 未然防止のための DR プロセスを構築する
未然防止と再発防止を明確に分ける
第8章 設計品質問題の解決と再発防止の仕組みを構築する

「DR レビューア」の問題
- 設計エンジニアは DR に参加したくない
- 適切なレビューアがアサインされていない

DR レビューアを育成し有効に活用する
第6章
レビューアのマインドセットを変える

Quick DR 導入企業の声 ❷

株式会社クボタ
品質保証本部　品質保証統括部
深堀　賢久

[キーメッセージ]

デザインレビュー(以下，DR)は，ややもすると手間がかかるプロセスです．それを効果的かつ効率的に行える方法があれば，設計者にとっての朗報です．その方法が Quick-DR です．

[会社紹介]

当社は1890年に鋳物メーカーとして創業以来，暮らしと社会に貢献するため，農業機械・建設機械・エンジンなどの機械製品からパイプシステム・水処理システムなどのインフラ関連製品・プラント建設まで，様々な製品を世に送り出しています．人類の生存に不可欠な食糧・水・環境の課題を製品・技術・サービスで解決することが当社の使命と考えています．

[Quick DR 導入の取組みとその成果]

売上高の65％以上が海外となり，グローバル化と新製品開発を加速させる中，品質問題に対する未然防止の対応がこれまで以上に求められています．そこで，未然防止を効果的に行うために，DRの高度化に取り組みました．品質問題の多くが，市場の変化，新製品での設計変更など，いわゆる変更点において発生しています．変更点に着目したDRを効果的に行うには，日産自動車㈱で開発されたQuick-DRが最もクボタに合っていると判断し，同社の技術顧問である大島恵氏に3年間のご指導をお願いしました．

担当技術者を主な対象者とする「実務者教育」(**図1**)，中間管理職および部門長クラスを対象とした「レビューア育成セミナー」(**図2**)の2つの階層別教

図1　実務者教育

図2　レビューア育成セミナー

育を柱として教育を実施した結果，組織として定着しつつあります．設計・開発および品質保証に携わる技術者のうち，国内在籍者の80％以上を教育することを当初の目標とし，それを達成した今も継続してご指導いただいています．

　教育を通して，設計者は変更点・変化点を新規性で区分し，そこに潜む心配点を含めて見える化するようになり，DRに苦労していた設計部門も，より効果的にDRを行えるようになりました．事業部門によっては，DRを指導する人材を育成する目的で部門長がDRリーダーを指名し，大島氏による直接指導やリーダー間の定期的ミーティングなどで意識づけを続けました．これにより，製品販売とプラント建設という商品の違いや，量産製品と受注製品という商品化業務の違いを明確にしたうえで，DRリーダー自身がDRを工夫するようになるなどの効果が出始めています．

[新たに導入を検討している企業へのメッセージ]

　まず，トップの考え方が重要です．品質問題の未然防止活動としてのDRの重要性を会社の方針に盛り込むなど，トップの強い指示が組織全体のDRに対する意識を変えることにつながります．

　次に，設計者にQuick DRのメリットを理解してもらうには，ある程度の期間が必要です．変更点に着目するDRを設計者に要求すると，時間がかかると

いった意見が多く返ってきます．変更点を明確にし，知見をもった人の協力を得ながら，変更点に潜む心配点に対策を打っていくという本来の設計プロセスを踏むため，一時的には時間がかかります．しかし，それによって手戻りがなくなり，トータルでは設計業務の効率が上がります．Quick DR によって設計者がそのことを実感してくれれば，DR に時間がかかるという意見は少しずつ減っていくと思います．

第3章

DR ツールの特徴を理解し有効に活用する

> **Key Message**
>
> 　設計開発に有効な品質ツールを適切に活用することが重要である．未然防止も DRBFM と FMEA の本質的な違いを理解して，使い分けることにより有効で効率的になる．

視点 16 品質ツールの特徴を理解して適切に活用する

品質ツールの特徴や利点を理解し，適切なツールを選択して活用する3つのポイントを解説する．

① 万能な品質ツールはない

品質ツールの専門家は，その有効性を説いて普及を図るが，その手法がどのような場合には不適であるかを示すことはない．どのような問題も解決できる万能な品質ツールはなく，それぞれの手法やツールの特徴，利点と限界を理解し，適切なところに適用する，または組み合わせて活用することが有効である．

② 品質ツールの推進部署を置いてはいけない

品質活動の強化の方策として，FMEA，DRBFM，品質工学，なぜなぜ分析等の品質ツールを導入し，ツールのトレーニングとその適用を推進する専門部署を組織化する企業が多い．特に欧米の自動車部品メーカは，自動車メーカの要請に応えるべく各々の品質ツールの専門部署を独立にもつことがある．しかし品質ツール推進部署は，ツールを実施することを目的としがちである．実際に品質ツールを実施する設計部署にツールを実施するプレッシャーを与えるのではなく，品質ツールの目的である品質問題の解決，再発防止，未然防止を達成するために，適切なツールを選択して活用することをサポートする組織が必要である（**図16.1**）．

③ 目的・適用領域から品質ツールを考える

主要な品質ツールについて，その目的と適用領域を以下に示す（**図 16.2**）．

(1) 未然防止ツール（FMEA，FTA，DRBFM）

未然防止は主に設計開発部署が実施することである．FMEA は，DFMEA と PFMEA で設計と製造を明確に分けている．一方 DRBFM は，対応策を設計だけではなく製造まで含めて考えるのが特徴である．FTA は，故障をトップ事象としてその要因を階層的に展開する手法で，複数の要因による故障の未然防止に有効である．

(2) 品質工学

品質工学が他のツールと異なるのは，定量的分析を数学的に行う点である．製造問題にも設計問題にも有効な手法であるが，それゆえに品質工学を実施することが目的になりやすい．日産自動車では品質工学を適切な課題に適用する仕組みを導入し，適用してきた[2]．

(3) 問題解決，再発防止ツール

多くの問題解決，再発防止ツールは，製造問題を対象としたものである．な

図 16.1　ツールを実施することのプレッシャー

ぜなぜ分析と特性要因図がその典型である．製造現場では有効なツールであるが、設計問題には適切ではない．設計問題の要因解析にはFTAによる要因解析が適切である．設計問題の再発防止は、第8章(p.171)で詳しく解説する．

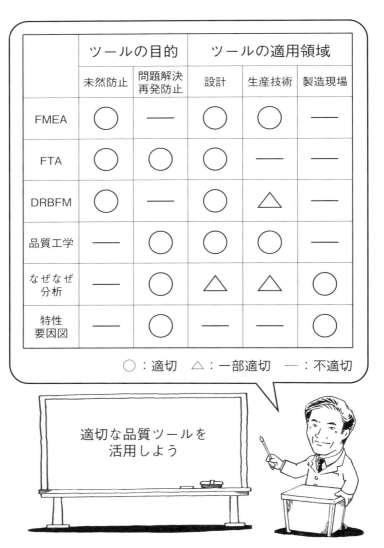

図 16.2　主要な品質ツールの目的と適用領域

視点 17　FMEAは万能ではない

FMEAは多くの品質規格で定義され，標準ツールとして最も実施されている．未然防止の視点から見たFMEAの3つのポイントを解説する．

① FMEAは機能失陥の未然防止手法

FMEA（故障モード影響解析）は「製品を構成する部品，ユニット毎の故障モードが製品の機能に及ぼす影響を考え，起こりうる製品の故障を設計段階で予測する手法」である．すなわち，FMEAは構成部品の故障モードに着眼し，製品の機能失陥を未然防止する手法である．

初めにFMEAが適用された宇宙航空の分野では，主要な品質・安全問題は機能失陥である．ところが，自動車分野では機能失陥だけが品質問題ではない．機能が働いていても性能が足りない，不快な現象がある等，広く品質問題をとらえる必要がある．FMEAを適応するときにこの点を理解しておく必要がある．

② 製品ごとに一度はFMEAをつくっておこう

従来にない新機構，新構造を開発設計するときは，すべての構成部品の機能と故障モードに着目し，新機構の機能にどのように影響するかを整理し，機能失陥の防止策を網羅的に整理する必要がある．そのためのツールが，機能の繋がりを整理した機能ブロック図と，FMEAワークシート（**図17.1**）である．**図17.2**にポップアップエンジンフードシステム（**付録2**）に用いる「跳ね上げ機構付きフードヒンジ」の機能ブロック図を示す．

FMEA は新設計に潜む問題の未然防止とともに，新たに開発した新機構，新構造を次の製品へ展開していくときのストック情報として活用できる．製品ごとに一度は FMEA を作成し，次の製品展開に役立てたい．

③ リスク優先指数は未然防止には役立たない

FMEA の手法の特徴の1つが，次のリスク優先指数を計算することである．
リスク優先指数 = 重大性 × 発生頻度 × 検出可能性

製品開発をマネジメントする立場からは，リスクの大きさを数値化したリスク優先指数は有効である．しかし，リスク優先指数の大きさと想定された問題が本当に起こるかどうかは必ずしも対応していない．起こりうる問題は必ず対策し，起こらない問題は対策する必要がなく，むしろ対策しないほうがよい．設計エンジニアは優先度ではなく，起こるか起こらないかの判断をする必要がある．FMEA を未然防止の方策として活用するときは，この点に十分留意してほしい（**図 17.3**）．

部品名称	機能	潜在的故障モード	潜在的故障影響	厳しさ	クラス	潜在的故障原因／メカニズム	発生頻度	現行の設計管理		検出可能性	リスク優先度
								予防	検出		

上からの続き →	推奨措置	責任者／完了目標期日	対応の結果				
			実施した対策／完了日程	厳しさ	発生頻度	検出可能性	リスク優先度

図 17.1　FMEA ワークシート

視点17 FMEAは万能ではない 57

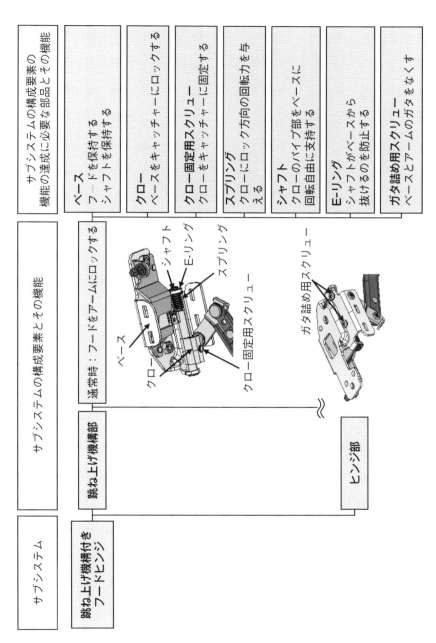

図17.2 機能ブロック図

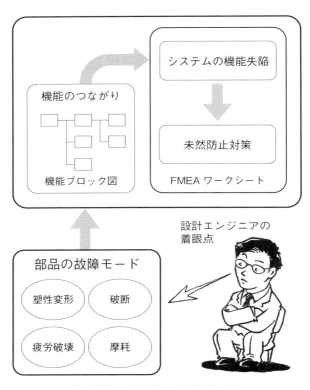

図 17.3　FMEA の着眼点と思考

付録2 事例の解説：ポップアップエンジンフードシステム
（出典　日産自動車公式ホームページ）

1. システムの目的

ボンネット高が低く、エンジンフード下の部品との空間を広く保つことが難しいクルマに採用することで、衝突時の歩行者の頭部への衝撃の緩和と、スポーティなスタイリングの両立を可能とする

2. システムの構成

システムの構成を図1に示す．

3. システムの機能

図2にシステムの機能を示す．

① 　バンパーに内蔵されたGセンサーで歩行者との衝突を検知する．
② 　火薬式のアクチュエーターを作動させて、エンジンフードの後端を瞬時

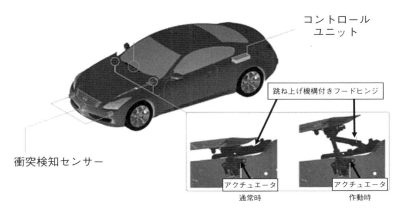

図1　ポップアップエンジンフードシステムの構成

1. 衝突検知　　　　2. 作動　　　　3. 頭部衝撃緩和

図2　ポップアップエンジンフードシステムの機能

に持ち上げ，跳ね上げ機構付きフードヒンジで位置を規制する．
③　エンジンとの空間を広げることで歩行者の頭部への衝撃を緩和する．

4. 跳ね上げ機能付きフードヒンジ

ポップアップエンジンフードシステムのために新たに開発した専用のフードヒンジ．従来のフードヒンジにない機能を持つため新規性が高いと判断し，Full Process DRを適用した(**図3**)．フードヒンジの機能は，通常時は，ロック機構により跳ね上げ機構部を固定し，通常のフードヒンジとして機能する．作動時は，アクチュエータによりロックが解除され，跳ね上げ機構部が作動し，跳ね上げられたフードの移動軌跡を規制する．

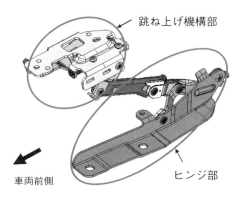

図3　跳ね上げ機構付きフードヒンジ

視点 18 DRBFM の本質を理解して活用する

DRBFM は吉村達彦先生により GD³ の概念の一環として開発され[3]、トヨタ自動車の未然防止のプロセスとして適用され、その後いろいろな展開がなされてきた[7]。ここでは DRBFM の4つの本質を解説する。

① 設計変更したところにリスクがある

吉村達彦先生は設計を変更したところにリスクがあると考え、この変更した点、変化した点に着眼して問題を発見する方法として DRBFM を開発した。日産自動車では、変更点、変化点に着目して問題を発見し、未然防止を図るという DRBFM 開発時のオリジナルの考え方が Quick DR のコンセプトに合致していたので、DRBFM ワークシートを Quick DR で使用することにした（**図 18.1**）。

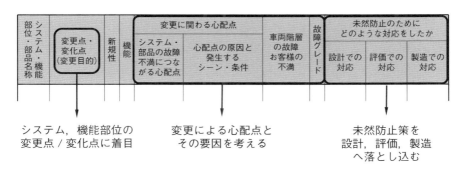

図 18.1　Quick DR で使用する DRBFM ワークシート

② DRBFM の着眼点は機能部位の変更点

　Quick DR 導入時から，DRBFM は変更点・変化点に着眼するので，有効で効率的であると説明してきた．しかし正確には，機能を考え，機能部位やシステムのレベルで本質的な変更点を考えるがゆえに，効率的に有効な未然防止ができるのである．網羅的にすべての部品にばらして変更点を考えると，膨大な変更点一覧表と DRBFM ワークシートを作成することになる．その結果，本質的な変更による問題点を見落とす可能性が高くなる．

　DRBFM は部品ではなく機能部位の変更点に着眼し，起こりうる問題を考える点が，FMEA と本質的に異なる点である（図 18.2）．

③ 対策は設計・評価（実験）・製造の 3 つの視点から考える

　問題を発見したとき，その対応を設計・評価（実験）・製造の 3 つの視点から考える点が DRBFM のオリジナルからある特徴である．

　自動車の開発においては，品質問題の設計対策を考えるとき，また設計対策の効果を確認するとき，実験的なアプローチが必要な場合が多い．多くの自動車メーカでは，設計と独立して実験を実施する組織をもっている．設計と実験のエンジニアが連携するためにも DRBFM ワークシート（図 18.1）を活用できる．

　FMEA では，設計に対する DFMEA，製造工程に対する PFMEA を明確に分離している．DFMEA を受けて PFMEA を実施するというシリアルな関係である．一方 Quick DR では，スピードと効率の視点から，DRBFM の特徴を活かし，設計対応と必要な製造での対応を設計エンジニアと生産技術エンジニアが連携し，一気に決めてしまうことを推奨している．

④ DRBFM はまったく新しい設計には適用できない

DRBFM は有効な未然防止ツールであるが，その適用には限界がある．変更点に着眼する手法であるため，変更点が定義できないまったく新しい設計には，DRBFM は本質的に適用できない．この点に留意して，その適用可能な範囲を定義したのが Quick DR である．

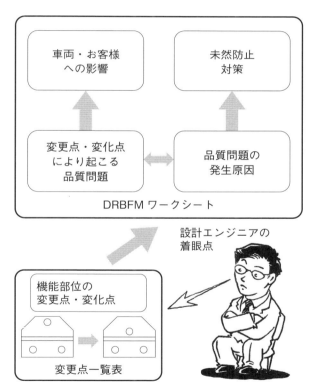

図 18.2　DRBFM の着眼点と思考

視点 19　FMEA と DRBFM の本質的な違いを理解して活用する

　DRBFM はもともと FMEA に代わる方法論として導入され，発展してきた経緯があるため，FMEA と DRBFM の違いが未然防止の書籍や研修の中で語られることはない．DRBFM を FMEA に代わるツールではなく，ここで解説する5つの本質的な違いを理解して活用する必要がある（**図 19.1**）．

① リスクの考え方が違う

　FMEA ではリスクを「起こりうる問題の重大性」，「その問題に遭遇する頻度」，「問題の発見のしやすさ」と考え，リスクの大きさをリスク優先指数として数値化する．プロジェクトマネジメントの視点からは，数値化されたリスクは便利である．

　一方 DRBFM では，「設計を変更した点」，「使用する環境や要求特性が変化した点」にリスクがあると考え，変更点・変化点に着眼して問題を考える．このように，リスクの定義とリスクを定義する目的が FMEA と DRBFM とで異なる．

② FMEA は部品から，DRBFM は全体から考える

　FMEA は新たに設計する製品やシステムを構成するすべての部品に着眼し，その故障モードが製品全体の機能にどのように影響するかを考える．すなわち FMEA では，製品を構成する部品から製品全体を考える．一方 DRBFM は，部品ではなく製品全体や機能を構成する部位の変更に着眼し，その変更により起こりうる問題を考える．

FMEAは部品から製品全体の機能失陥を考え，DRBFMは製品全体から変更により起こりうる問題を考える．これがFMEAとDRBFMの本質的な違いである．

③ FMEAは機能失陥，DRBFMはすべての品質問題を考える

FMEAは本質的には構成部品の故障モードから製品全体の機能失陥を考え，未然防止する手法である．DRBFMはもともと自動車の開発に適用するために開発された手法であり，機能失陥だけではなく性能の不足，不快な現象等すべての品質問題を考える手法である．部品の故障モードではなく，機能部位の変更から考えることから，これを可能にしている．

④ DRBFMは製造での対応も考える

FMEAは，発見した問題に対する設計処置を考える．DRBFMは，発見した問題の対応策を設計・評価（実験）・製造の視点で考える．この点はFMEAとDRBFMの本質的な違いではなく，FMEAでも発見した機能失陥を予防する設計処置に加えて，製造での対応も同時に考えることが可能である．日産自動車のFull Process DRで使用するFMEAワークシートでは，問題の対応をDRBFMと同じ設計・評価・実験に分けている[1]．

⑤ 設計の新規性から違いを考える

適用する設計の新規性から，FMEAとDRBFMの違いは定義できる．基準となる設計や製品がないまったく新しい設計には，すべての構成部品に着眼するFMEAが有効である．変更点が定義できないためDRBFMは適用できない．しかし基準設計があり，その基準設計から一部を設計変更した場合の未然防止にはFMEAは重すぎるとともに，効果的ではない．DRBFMが有効である．

	FMEA	DRBFM
リスク	重大性 × 発生頻度 × 検出可能性	変更点・変化点 にリスクがある
着眼点	部品・コンポーネント の故障モード	機能部位の 変更点・変化点
未然防止する品質問題	主に製品の 機能失陥	すべての品質問題
問題に対する 対応・解決策	DFMEA は 設計での対応	設計・実験・製造 の視点の対応
まったく新しい 設計における 未然防止	すべての機能 部品を考える 必須のアプローチ	変更点が定義でき ないため適用不可
基準設計から 一部を変更したときの 未然防止	一部の変更に 適用するには 重く効率が悪い	変更点・変化点に 着目し，効果的 効率的に未然防止

図 19.1　FMEA と DRBFM の比較

視点 20　「変更点一覧表」の目的は心配な変更点を明確にすること

Quick DR を有効に効率的に実施するには，基準設計からの本質的な変更点を明確にすることが必要である．そのために変更点一覧表を導入し，Quick DR の標準ツールとしている．この「変更点一覧表」の特徴と活用の4つのポイントについて，「足元照明ライト」(**付録3**)の例を用いて解説する(**図20.1**)．

①　心配点につながる変更点を見つける

変更点一覧表の目的は，心配点につながる不利な方向の変更点を見つけることである．そのために基準設計と新設計を比較し，変更点を「変更点と変更内容」の欄に記載する．そして，不利な方向の変更点について，DRBFM ワークシートで問題を発見し，その対応を考える．

設計を変更した変更点に加えて使用環境や負荷が変わった点，すなわち変化点についても記載する．付録3の事例「足元照明ライト」には，搭載位置をドアミラーからドアハンドルに変えることにより，入力加速度が大きくなる，という変化点がある．

②　機能に基づき本質的な変更点を考える

変更点一覧表で「部品名称」に続いて「部品の機能」の欄を設けた理由は，機能に基づく変更点を表記するためである．機能を考え，「基準設計」と「新規設計」をそれぞれの欄に記入し，それらを比較して本質的な変更点を考え，「変更点と変更内容」の欄に記入する．また変更をより正確に理解できるように変更の目的を記載する．

図 20.1 の変更点一覧表では，足元照明ライトシステム全体，グリップハンドル，照明ユニットの順で，機能に基づいて階層的に変更点を定義している．

「グリップハンドル」の「ラッチ解除ワイヤー接続構造」という部位に対して，「操作力をラッチ解除ワイヤーに伝える」という機能に基づいて変更点を定義している．照明ユニットを取り付けるために(変更の目的)，操作力を伝える(機能)ラッチ解除ワイヤー接続部(機能部位)を構造体であるボディーからカバーに変更する(変更点)．構造体であるボディーから本来は加飾部品であるカバーに変更する点を不利な方向の変更点として捉えている．

③　基準設計と新設計のパーツリスト比較表ではない

機能に基づき製品全体，機能部位，部品レベルと階層的に変更点を考えることにより，本質的な変更点を見つけることが変更点一覧表の目的である．変更点一覧表の先頭の欄が「部品名称」のためか，いきなり構成部品の階層で基準設計と新設計を比較しがちである．基準設計と新設計のパーツリストの比較表は単純な作業でできるが，製品全体，または機能部位の本質的な変更点を見落とすことになる．「部品名称」は「機能部位の名称」として考えてほしい．

④　新規性の判断で心配な変更点を絞り込む

設計の新規性の欄があるのが，Quick DR で使用する変更点一覧表の特徴である．基準設計から心配な方向に変更した変更点(新規性3)について DRBFM ワークシートを作成する．基準の範囲の設計(新規性2)，または完全流用(新規性1)と判断できたものは DRBFM ワークシートを作成する必要はない．図20.1 でパーツレベルの照明ユニット光源は標準品を流用できるため新規性1と判断し，クローズしている．

新規性の判断で DRBFM に移行する変更点を絞り込むことができ，未然防止の効率化につながっている．

視点20 「変更点一覧表」の目的は心配な変更点を明確にすること

システム・機能 部位・部品名称	機能	基準設計	新規設計	変更点・変化点（変更目的）	新規性
足元照明ライトシステム	足元を照らす	照明ユニットをドアミラーベースに搭載	照明ユニットをドアハンドルのグリップに搭載	照明ユニット搭載位置をドアミラーベースからドアハンドルのグリップに変更	3
				グリップ手放し時に照明ユニットへの入力加速度が増加	3
グリップハンドルラッチ解除ワイヤー接続構造	グリップハンドルの操作力をラッチ解除ワイヤーに伝える	・ボディー側にラッチ解除ワイヤー接続	・カバー側にラッチ解除ワイヤー接続 ・カバーに照明用の穴設定	ラッチ解除ワイヤー接続部をボディーからカバーに変更する（照明ユニット搭載のため）	3
照明ユニット取付構造	照明ユニットを保持		照明ユニット取付構造	ボディーに照明ユニット取付構造を追加（照明ユニット搭載のため）	3
照明ユニットレンズ	光を導く	・光源／レンズ一体構造 ・薄型レンズ採用	・光源／レンズ別体構造 ・厚型レンズ採用　光源　レンズ	レンズの厚肉化（グリップに搭載するため）	3
照明ユニット光源	光を発光する			既存の光源を流用	1

3章 DRツールの特徴を理解し有効に活用する

図20.1 足元照明ライトの変更点一覧表

付録3 事例の解説：足元照明ライト

既存のシステムを一部変更し，新型車に適用した．すでに基準設計となるシステムがあるため，開発時に Quick DR を適用した事例である．

1. システムの機能

インテリジェントキーを所持してクルマに近づくと，専用の車載ライトが足元を照らして暗い場所での乗車をサポートする(**図1**)．

2. 基準設計からの変更点

すでに足元照明ライトを搭載している他の生産車を基準設計として，以下の設計変更を実施した(**図2**)．

① 足元照明ライトの搭載位置をドアミラーからドアハンドルに変更
② 照明ユニットを搭載するためにグリップハンドルの構造を変更
③ ドアハンドルに搭載するために照明ユニットを別体化

1. 搭載位置の変更

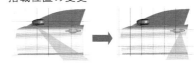

2. グリップハンドルの構造変更

3. 照明ユニットの別体化

図1　足元照明ライト　　　　図2　足元照明ライトの変更点

視点 21 「システム構成図」で変更点を共有化する

製品の構成をシステム，サブシステム，部品のように階層的に展開した図を「システム構成図」と呼び，Full Process DR では必ず作成している．システム構成図を活用する3つのポイントを解説する．

① 「システム構成図」で製品・システム全体を俯瞰する

ポップアップエンジンフードシステム（付録2／p.59）のシステム構成図を，図 21.1 に示す．システム構成図は，従来にない新しいシステムを開発するときに，システム全体の構成を俯瞰し，新規性の高いサブシステムや，上位のシステムまたは下位の部品との関係を共有化することができる．「ポップアップエンジンフードシステム」は事故時に歩行者の頭部障害値を低減するためにエンジンフードを持ち上げる機能をもつ．その機能を実現するために新たに開発されたサブシステムが，エンジンフードに力を与える「アクチュエータ」と，

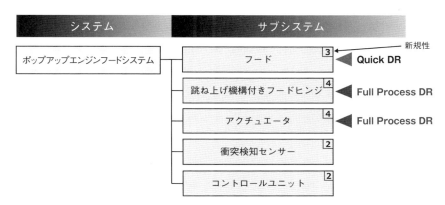

図 21.1 ポップアップエンジンフードシステムのシステム構成図

フードの挙動を規制する「跳ね上げ機構付きフードヒンジ」である．図21.1を見ることで，システムとサブシステムの関係が俯瞰でき，何が新規性の高いサブシステムかを共有することができる．

② すべての構成要素の新規性が高いとは限らない

ポップアップエンジンフードシステムのようなまったく新しいシステムの開発においても，すべてのサブシステムや部品の新規性が高いとは限らない．システム構成図でサブシステムや部品の新規性を明示することにより，DRの効率的な進め方を判断できる．

「跳ね上げ機構付きフードヒンジ」と「アクチュエータ」は新規性が高く，Full Process DRの対象である．しかしエンジンフードはアクチュエータの力を受けるために一部補強するが，基準のエンジンフードを基準設計としてQuick DRが適用可能である．また衝突感知センサーとコントロールユニットは既存のエアバックシステムを活用し，ロジックを追加することで対応している．したがって，ハードウェアについてはDRの必要がない．このように，システム構成図でサブシステムの新規性を整理することにより，効率的なDRの進め方を選択できる．

③ システム構成図を共有化し育てる

Full Process DRで作成したシステム構成図は，そのシステムの構成要素の一部を変更するときにも活用できる．Quick DRを実施するときにシステム構成図を活用し，変更部位とその新規性を共有することは，次のような利点がある．
- Quick DRを実施すべき領域の抜けを防止できる
- Quick DRの対象部位と変更点を共有化することにより，論議が集中できる

- 論議する必要がない領域が明確になり，ムダが省ける

電気自動車用のリチウムイオンバッテリーを初めて商品化したときは新規性が高く，Full Process DR を適用した．その後，航続距離の向上や原価低減のためにリチウムイオンバッテリーの基本構成を維持しつつ，構成要素を変更し，改善を続けてきた（**図 21.2**）．

その設計変更に対しシステム構成図を活用して，変更部位と新規性を共有しながら Quick DR を実施している．Quick DR を実施した結果をシステム構成図に反映し，修正，追加してリチウムイオンバッテリーに関わるエンジニア間で共有化している．システム構成図は，つくりっ放しではなく，みんなで育て共有することで有効に活用することができる．

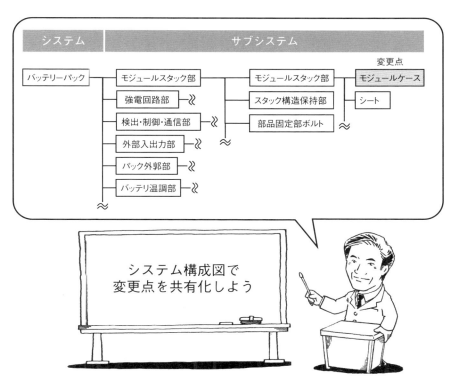

図 21.2　システム構成図から見た変更点

視点22　設計ツールと未然防止ツールを活用する

　自動車の品質問題は機能失陥だけではなく，性能がお客様の期待を満足しない，振動や異音のような不快な現象，使いにくい，見栄えが悪く品質感がない等，多岐にわたる．図22.1に自動車の空調の品質問題の事例を示す．これら品質課題を設計段階で未然防止するために，設計ツールと未然防止ツールを活用する3つのポイントを解説する（図22.2）．

① ほとんどの製品は既存の設計基準・設計手法で設計されている

　自動車の設計の大部分は既存の設計基準や標準化された設計手法に基づいて行われる．ある新型車について，既存の設計基準や設計手法の範囲でどの程度

製品品質問題	自動車空調システム	製品開発		新機構開発	
		設計ツール	未然防止ツール	設計ツール	未然防止ツール
機能が失陥する	エアコンが作動しない	設計基準／設計手法	変更点一覧表⇒DRBFM	先行技術開発⇒製品設計	FMEA／FTA
性能が不足している	冷えが悪い				
性能，特性がばらつく	冷えが悪い車がある				
不快な現象がある	吹き出しの音がうるさい 異常な振動がある				
操作がし難い	走行中温度調整がし難い				
見栄えが悪い	操作パネルの隙が不均一で品質感がない				

図22.1　製品品質問題と設計ツール・未然防止ツール

設計できているか分析したところ，約4,000の設計変更項目のうち99％が設計基準や設計手法の範囲で設計されており，設計基準の範囲を超えた設計変更は1％であった．自動車以外の製造業においても同様に，大部分の設計は，従来の知見に基づく設計基準や明文化されているかは別にしても，既存の設計手法を用いて行われている．

② 設計基準から変えたときに未然防止が必要になる

設計基準から変えたところに品質問題が起こるリスクがあり，この品質問題を未然に防止したい．そのためには設計基準を超えた設計変更を変更点一覧表で明確にして，DRBFMワークシートを用いて問題を発見し解決すること，すなわちQuick DRが必要である．

新型車の設計変更4,000項目のうち設計基準を超えた1％，約40項目について検討したところ，ほぼすべてでQuick DRが適用可能であった．製品設計の大部分は既存の設計基準や設計手法に基づいて設計され，設計基準を超えた変更の大部分はQuick DRで未然防止ができる．

③ まったく新しい新機構の設計は先行開発が必要である

まったく新しい新機構を製品化するときは，既存の設計基準や設計手法では設計できないため，製品設計の前に先行開発が必要である．先行開発フェーズでは，新機構の開発目標設定に品質機能展開が，品質のばらつきの抑制に品質工学が適用可能である．まったく新しい新機構を製品に展開するときには，新たな品質問題が起こらないように広く未然防止を実施することが必須である．DRBFMは適用できないため，FMEA，FTAを主要なツールとしたFull Process DRが必要である．先行開発フェーズで新機構のシステム構成図，FMEA，FTAを作成しておくと，製品設計フェーズで有効に活用できる．

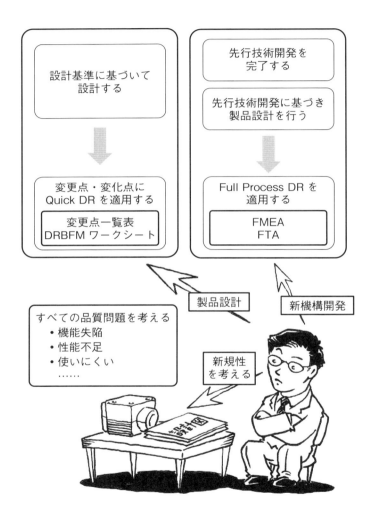

図 22.2　設計ツールと未然防止ツール

第3章のまとめ

DRツールの特徴を理解し有効に活用する

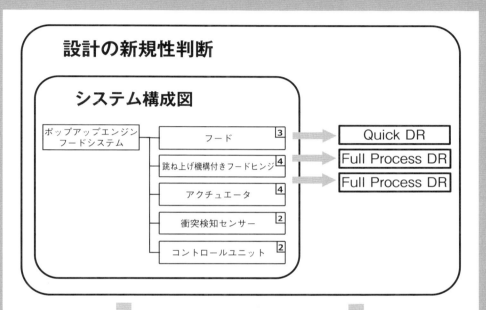

Quick DR 導入企業の声

ボッシュ株式会社
中央品質管理部　マネージャー
高島　良明

[キーメッセージ]

　Quick DR の導入により新規性に応じた必要なレビューを，必要な時期に，効率的・効果的に行えるようになりました．

[会社紹介]

　ボッシュの主な事業は，自動車部品の開発・製造及び自動車メーカーへの販売です．日本法人である当社では，ドイツ本社での基本設計をベースに，エンジンシステム，ブレーキシステム，センサ，エンジン補機コンポーネントなどの応用設計を行い，日本及び海外の拠点で製造・販売しています．

[Quick DR 導入の取組みとその成果]

　従来から新規性の高い製品に対しては，FMEA もしくはトヨタ式 DRBFM を適用してきました．

　FMEA は，製品・システム全体の機能・部品構成から，考えうるすべての故障モードを抽出し，その重大性，発生頻度を明らかにし，故障を予防する手段を考える手法です．一方 DRBFM は，設計変更が影響する製品アセンブリと各部の機能を具体的に表現し，新たに設計されたものがそれらの機能を果たせるかを考え，そこで発見した問題点を，必要な知見を得てロバスト性を確認し，解決することを目指す手法です．

　FMEA や DRBFM は，新規性の高い設計には効果が高い反面，帳票類を整えることに労力をかけてしまう傾向にありました．また，ルールや手順を重んじる企業風土の中では，効率的に未然防止の効果を挙げているとはいえない

ケースも多く見られました．

　さらに，実施に必要な労力を考えて，本来行われるべきデザインレビュー（以下，DR）を避けるケースもありました．基本設計をもとに自動車メーカーの要求に合わせる応用設計が主体の日本拠点では，変更規模の小さな設計が業務の大半を占めるため，そうした設計の DR を効率的に実施する仕組みが求められていました．

　そこで，実際に開発活動を開始する前に，顧客の要求とそれに対する基準設計からの変更点・使われ方などをもとに，知見を持ったエンジニアが集まり，新規性分析と呼ぶ事前検討を実施することとしました．そこでは，新規性が高いもの（新規性 A）は FMEA あるいは DRBFM を適用し，新規性がさほど高くないもの（新規性 B）は Quick DR を適用して，新規性がないもの（新規性 C）は DR の適用は必要なしとしました（図 1）．

　Quick DR の導入により，新規性に応じて適用手法を適切に選択して，開発プロセスに組み込むことができるため，効率的・効果的な DR の実施が促進されました．その結果，日常的に必要なタイミングで DR を行うという雰囲気が開発チーム内に作られました．また顧客との共通ツールの導入により，よりスムーズなコミュニケーションが行えるようになりました．

　一方，外資系である当社では，仕事の中身はエンジニア個々のスキルに委ねられ，管理者がレビューを有効に行わない場面がありました．そこで，Quick DR の導入に合わせて，レビューアの教育も導入・実施しています（図 2）．

[新たに導入を検討している企業へのメッセージ]

　新規性に応じて適用手法を適切に選択することで，未然防止のための DR を効率的・効果的に行うことができます．

新規性	新規性定義	DR プロセス
A	ボッシュで初めての製品 基準となる設計がない	FMEA トヨタ式 DRBFM
B	基準設計から変更 従来の知見の範囲で新設計	Quick DR
C	基準の範囲で設計 完全流用	実施しない

図1　新規性分析

図2　レビューア教育

第4章

未然防止のための
DRプロセスを構築する

> **Key Message**
>
> 経営判断をするプロジェクト進捗会議と未然防止のための技術的なデザインレビューを分けること，そして設計の新規性に応じてDRプロセスを使い分けることにより，効果的で効率的な未然防止プロセスを構築しよう．

視点23 未然防止のための DR プロセスを構築する

　未然防止は FMEA や DRBFM 等のツールとともに，それを実行するデザインレビュープロセス（以下，DR プロセス）が重要である．しかし，多くの企業で開発プロセス上にデザインレビューを規定し実施しているものの，未然防止のための技術的な論議を行う DR が規定されていないことが多い．未然防止の視点から DR プロセスを構築する 2 つのポイントを解説する．

① デザインレビューの目的と定義を整理しよう

　デザインレビュー（DR：Design Review）は，日本語に直訳すると設計審査である．DR はもともと，設計が正しく行われたかを開発の節目で確認する設計審査という意味であった．欧米の自動車メーカは調達先のサプライヤに要請する品質の仕組みを規格化し，その中でデザインレビューを「DR」と呼び，これを実施することを要求するようになった．一方，多くの自動車メーカに部品を納入している独立した大手部品メーカにとっても，納入先の自動車メーカからの要請事項が統一されることは望ましい．自動車の品質にかかわる規格は，QS 9000，ISO 9001，IATF 16949 と発展するに従って，品質の技術的な側面に加え開発プロジェクトの管理的な要素が追加・強化されてきた．これらの規格の中で DR は，プロジェクトの節目で次のフェーズへの移行可否を判断するゲートとして定義されるようになってきた．図 23.1 に典型的なプロジェクトのゲート管理の DR を示す．商品企画，設計構想，詳細設計，生産準備が正しく行われたことを審査し，移行判断をする場になっている．

　日本でも，多くの企業で以下のような場を DR と呼んでいる．
1) プロジェクトの進捗をマネジメントする DR

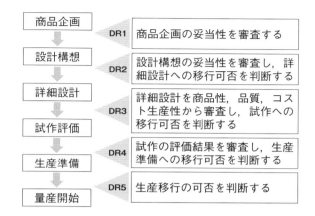

図 23.1　プロジェクトゲート管理の例

2)　正しく設計できたか審査する DR
3)　再発防止が織り込まれたかを審査する DR
4)　実験部署，品質管理，生産，営業への設計内容の説明会

　これらの DR の目的と定義を明確にし，未然防止のための技術的な DR との違いを整理しておく必要がある．

② 未然防止のための技術的な DR プロセスを構築しよう

　欧米の企業には，設計開発のプロセスと手法を規格化し，正しく適用されたかを審査することで品質が確保できるという考え方が根底にある．一方，コンテンツを大事にしてフレキシブルに擦り合わせてモノを改善していくのが，日本のモノ造りである．新設計に向かってエンジニアやレビューアが知恵を出し合って製品を育てていくことが，まさに日本のモノ造りの強みである．
　プロジェクトのゲート管理とは別に，未然防止のための技術的な DR を開発プロセス上で明確に定義し，設計エンジニアやレビューアのエネルギーをそこに集中しよう（**図 23.2**）．

図 23.2　未然防止のための DR プロセスを構築しよう

視点 24 デザインレビューを通すことを目的にしてはいけない

未然防止のための技術的 DR とゲート管理を混同すると，DR を通すことが目的になってしまう．これらを分けることで未然防止プロセスを有効にする 3 つのポイントを解説する．

① ゲート管理は通すことが目的になる

未然防止のための技術的 DR の目的は，新設計に起因する問題を発見し解決することである．一方，開発プロジェクトのゲート管理のための DR は，プロジェクトの進捗を監査し，次工程へ移行可能かを判断するプロジェクト管理，または経営判断の場である進捗会議である．受審者である設計エンジニアは，ゲート管理を無事通過し次工程に移行したいと考える．審査する側であるレビューアは，問題がないことを審査することに主眼を置き，そのために多くの説明を求めることになる．その結果，受審者は DR を通すために，問題がないこと，または解決していることなど，レビューアのあらゆる質問に答えられるように膨大な資料をつくることになる．

ある季節性の高い家電製品のメーカでは，毎年意匠を変更し一部を改良したモデルを出している．そのために設計エンジニアが厚手のファイル 10 冊分の DR 資料を作成していた．ゲートを通すための資料を作成するために設計エンジニアの貴重な時間とエネルギーを使うのはムダの極みである．

② 経営判断の場と技術判断の場を分ける

プロジェクトの進捗を管理する進捗会議を否定しているわけではない．品質

だけではなく要求機能や性能の達成，原価目標の達成，生産準備の完了等の視点から，顕在化した問題について経営判断を行う進捗会議は，企業経営上必須である．品質の問題を発見し，技術的な判断を各々の専門部署やエキスパートが実施し，その正しい技術的な判断に基づき正しい経営判断と決定を行うのが進捗会議のあるべき姿である．正しい技術的な判断をする未然防止 DR と経営判断，決定を行うゲート管理を明確に分けることが必要である．

特に新規性の高い設計にチャレンジしているときは，未然防止 DR で問題が顕在化し，かつその問題の解決が難しい場合もある．未然防止 DR では解決していない問題も正しく明確にして，進捗会議ではその問題のリスクを考え，開発を延長するのか，費用をかけて代替案を用意するのか，次工程で解決する見込みで先に進むのか等の経営判断をする．

経営判断と技術的な判断をする場と，その責任者を分けることを推奨する．燃費・排気規制の不正や粉飾決算で窮地に追い込まれた企業が示すように，経営者は経営目標の達成のために正しい技術的な判断をゆがめてはいけない．

③ 問題を発見することを目的にする

ゲート管理と未然防止 DR を分けることにより，問題がないことを説明し，DR を通すことではなく問題を発見し解決することに時間とエネルギーを使えるようになる．設計エンジニアは新しい設計で心配な点を明確にしてレビューアに見てもらう．レビューアは設計エンジニアが設計したことを監査するのではなく，気がついていない問題を発見することに集中する．設計エンジニアとレビューアが問題を発見し，解決するマインドセットをもつことで，未然防止 DR は有効なものになる（**図 24.1**）．

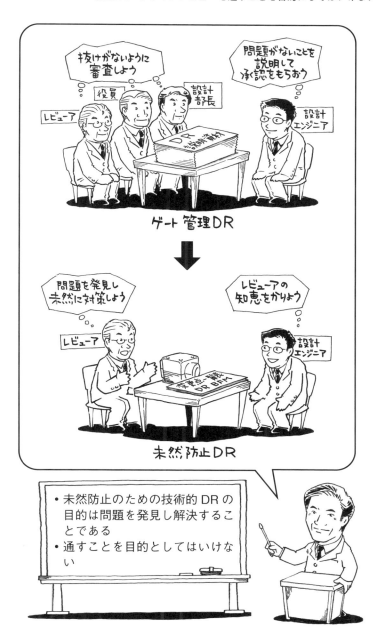

図 24.1 ゲート管理 DR と未然防止 DR の違い

視点 25　未然防止プロセスを設計の新規性・重大性・事業規模で考える

　未然防止の対象やプロセスを，設計の新規性・起こりうる問題の重大性・事業の規模(投資額，総売上額)の3つの軸で考えてみよう(図 25.1)．

①　設計の新規性で2つのDRプロセスを使い分ける

　まったく新しい設計をするときと，従来ある設計から一部を変更するときとでは，未然防止の難しさと必要なプロセスが異なる．設計の新規性によってDRプロセスを使い分けることで，未然防止は効率的になる．その視点から日産自動車のデザインレビューは設計の新規性のみで Full Process DR と Quick DR を使い分けている(図 25.2)．

②　起こりうる問題の重大性でデザインレビューの管理レベルを考える

　未然防止のためのDRプロセスを考えるとき，新規性とともに起こりうる品質問題の重大性の視点がある．日産自動車で Quick DR を導入するとき，設

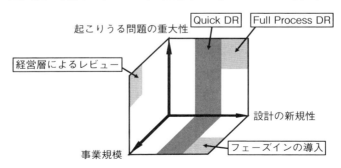

図 25.1　DR プロセスを考える3つの軸

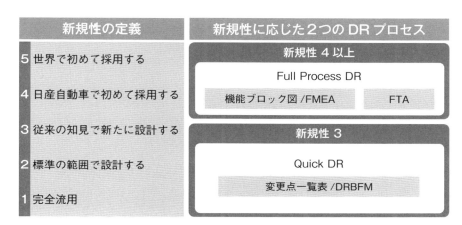

図 25.2 設計の新規性に応じた2つの DR プロセス

計の新規性と重大性でどのように未然防止の対象や DR プロセスを決めるかが大きな論点となった．議論の結果，重大性で DR を使い分けている企業もあるが，設計の新規性だけで2つの DR プロセスを使い分ける，と割りきることにより，Quick DR の特徴を活かし未然防止を効率化することができた．そして，起こりうる問題の重大性により DR の管理レベル，参加するレビューアを決定することにした（図 25.3）．

③ 事業規模が大きな開発は経営者による判断が必要になる

　事業規模の大きさで DR の内容を規定している企業もある．ゲート管理の DR であれば，投資額や売上の大きさでプロジェクトの管理レベルを変えるのは合理的である．事業規模が大きくかつ起こりうる問題が重大で経営へのインパクトが大きい場合は，経営層によるレビューと経営判断が必要である．

　新規性が高くかつ将来の生産量が大きい場合は，リスク回避のために少量の生産で立ち上がり，品質を確認しながら生産量を増やしていくフェーズインを行うことも有効である．

図 25.3　設計の新規性のよる2つのDRプロセス

視点 26　まったく新しい設計には Full Process DR を活用する

　まったく新しい設計に適用する Full Process DR を活用するときに理解しておくべき 4 つのポイントを解説する．

①　なぜ Full Process DR と呼ぶのか

　Quick DR の導入とともに，従来から実施していた DR を再編し標準化したのが Full Process DR である．従来の DR プロセスが設計段階に重きを置いていたのに対し，設計構想から初期流動までをカバーする DR プロセスとしたことから，Full Process DR という名称にした．また設計から生産技術へ新設計の情報を伝達するために QA 表を標準ツールに加えた．

　図面の発行とプロジェクト進捗会議に Full Process DR の結果を反映できるように，実施時期と実施内容，使用するツールを規定している（**図 26.1**）．

②　技術的判断を行う Full Process DR とプロジェクト進捗会議を分ける

　日産自動車では新車開発プロジェクトの技術的な判断をする Full Process DR と，経営判断をするプロジェクト進捗会議を明確に分けている（図 26.1）．未解決の問題がある場合は，Full Process DR の技術的判断に基づき，プロジェクト進捗会議で問題の対応について経営判断を行う．

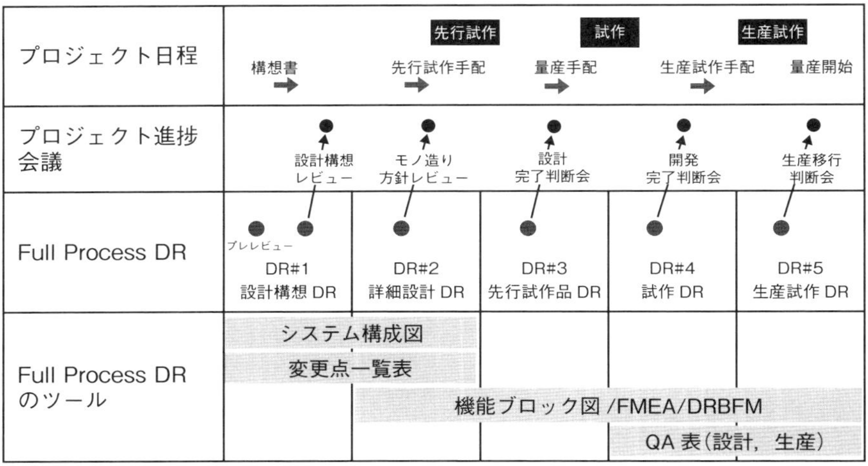

プロジェクト日程	構想書 →	先行試作 先行試作手配 →	試作 量産手配 →	生産試作 生産試作手配 →	量産開始
プロジェクト進捗 会議	● 設計構想 レビュー	● モノ造り 方針レビュー	● 設計 完了判断会	● 開発 完了判断会	● 生産移行 判断会
Full Process DR	● プレレビュー DR#1 設計構想 DR	● DR#2 詳細設計 DR	● DR#3 先行試作品 DR	● DR#4 試作 DR	● DR#5 生産試作 DR
Full Process DR のツール	システム構成図 変更点一覧表		機能ブロック図 /FMEA/DRBFM		QA 表（設計，生産）

図 26.1　Full Process DR のプロセスとツール

③ エキスパートの知見・経験・洞察力を活用する

　Full Process DR の対象となる新規性の高い設計では，問題の発見と対策の決定にエキスパートの知見や経験，さらには洞察力が必須である．Full Process DR の候補に対し，DR の進め方を品質のエキスパートがレビューする，プレレビューを実施している．プレレビューでは DR の適用範囲や適用する DR プロセスとともに適切なレビューアを決定する（**図 26.2**）．

④ Full Process DR の目的は設計エンジニアをサポートすること

　日産自動車では Full Process DR をマネジメントする組織を開発部門の中に置いた．この組織の役割は設計部署を監査することではなく，設計エンジニアが DR を適切に効果的に実施することをサポートすることである．さらには難しい問題を解決するためのチームづくりも，このチームが品質エキスパートとともにサポートしている．

視点26 まったく新しい設計には Full Process DR を活用する

4章 未然防止のためのDRプロセスを構築する

```
┌─────────────────────────────────────────────┐
│  世界初/日産初採用となる新規性の高い          │
│  システムの開発では，基準となる設計がない     │
└─────────────────────────────────────────────┘
        ↓                ↓                ↓
┌──────────────┐ ┌──────────────┐ ┌──────────────┐
│すべての構成部品│ │設計構想から生産│ │エキスパートの │
│と機能に着目し │ │立ち上がりまで一貫│ │経験，知識，  │
│未然防止を図る │ │した DR プロセス│ │洞察力を活用する│
└──────────────┘ └──────────────┘ └──────────────┘
        ↓                ↓                ↓
┌──────────────┐ ┌──────────────┐ ┌──────────────┐
│標準ツールとして│ │未然防止のための│ │プレレビューを │
│FMEA/FTA を   │ │技術的な DR を │ │実施し，適切な │
│活用する      │ │開発プロセス   │ │レビューアを   │
│              │ │上に設定する   │ │アサインする   │
│              │ ├──────────────┤ ├──────────────┤
│              │ │Full Process DR│ │DR 推進組織が │
│              │ │とプロジェクト │ │設計エンジニアを│
│              │ │進捗会議を分ける│ │サポートする   │
└──────────────┘ └──────────────┘ └──────────────┘
```

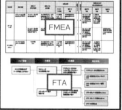

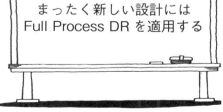

まったく新しい設計には
Full Process DR を適用する

図 26.2 まったく新しい設計には Full Process DR

視点 27 既存設計からの変更には Quick DR を活用する

既存の基準設計からの変更に適用する Quick DR を活用するときに理解しておくべき4つのポイントについて解説する．

① なぜ Quick DR と呼ぶのか

Quick DR は既存の基準設計からの設計変更に起因する問題を発見し，その問題を未然に防止するための DR プロセスの名称である．変更点，変化点に着目することにより，未然防止を短時間で効果的に実行することをねらいに開発し，Quick DR と命名した．吉村達彦先生がトヨタ自動車で開発された DRBFM が Quick DR のコンセプトに近いことから，DRBFM ワークシートを主要ツールとすることとした．DRBFM は新規性が高い設計にも活用されることがあるため，コンセプトの違いを明示するために，日産自動車では Quick DR をプロセスの名称とし，DRBFM は作成するワークシートの名称として定義した[7]．

② Quick DR のプロセスはフレキシブル

変更点，変化点に着目し，短時間で効率的に未然防止を図るコンセプトから Quick DR の実施プロセスは，図27.1に示すように4つのステップのみ規定し，使用するツールも変更点一覧表と DRBFM ワークシートに絞り込んだ．Full Process DR は実施プロセスを詳細に規定しているが，Quick DR では設計変更の規模や設計部署の実態に合わせ，フレキシブルに適用することに主眼を置いた．

標準プロセス

STEP1 新規性アセスメント	STEP2 準備段階	STEP3 レビュー段階	STEP4 実行段階
変更点／変化点の新規性から対象課題を選定する	変更点／変化点に起因する心配点を洗い出し対応策を考える	準備段階の結果をレビューし対応策を決定する	レビューで決定した対応策を実施する

標準ツール

新規性アセスメントシート			
	変更点一覧表	変更点一覧表	
	DRBFMワークシート	DRBFMワークシート	DRBFMワークシート

図 27.1　Quick DR の標準ツールと標準プロセス

③ 設計構想から量産図面出図までに適用する未然防止プロセス

新車開発プロジェクトでは，設計構想をまとめる時期に各設計部で一斉に新規性アセスメントを実施し，Quick DR が必要な設計変更を決定する(STEP1).

Quick DR を実行し(STEP2・3)，発見した問題の対策を量産図面に反映する(STEP4). これが Quick DR の一連のプロセスである.

④ 量産図面出図以降・生産立ち上がり以降も有効な未然防止プロセス

Quick DR は，量産図面出図後の設計変更，量産開始以降の設計変更にも有効である．この場合は，量産手配仕様を基準設計として変更点を定義することができるため，より簡便になる．部品サプライヤでは，量産立ち上がり後に原価低減，品質向上，生産性向上等による変更に対して Quick DR を適用し(**図 27.2**)，成果につなげた事例が多い(**図 27.3**).

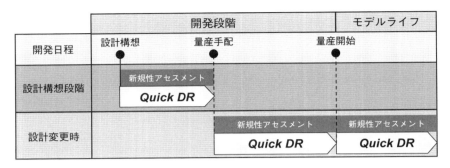

図 27.2　Quick DR の適用タイミング

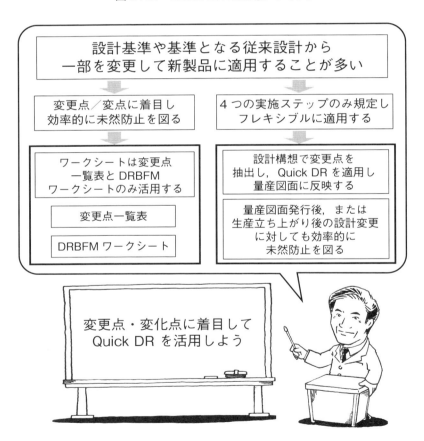

図 27.3　変更点・変化点に着目した Quick DR

視点 28 未然防止DRでは問題を発見し解決できる参加者を招集する

ゲート管理のDRと未然防止DRでは必要な参加者が異なる．未然防止のためのデザインレビュー（以下，未然防止DR）に必要な参加者について5つのポイントを解説する．

① 未然防止DRは設計の仕事

新たな設計に潜む問題を発見し，未然に解決するのは設計業務そのものであり，未然防止DRは，本来設計部署が主体で実施することが望ましい．適切に効果的に未然防止DRを実施することをサポートする組織も，なるべく設計部門の中に置くことを推奨する．設計部署とは独立した品質保証部門に未然防止DRの推進部署を置く企業が多いが，サポートではなく監査の視点が強くなり，結果的に未然防止DRを通すことが目的になりかねない．

未然防止DRには設計エンジニアとは異なった視点をもち，新設計に潜む問題を発見し，解決できる参加者が必要である．

② 実験や生産技術のエンジニアの参加が有効

レビューアのレビューを受ける前の準備段階ステップで，エンジニア同士のディスカッションを推奨している．設計エンジニアと異なる視点をもつ周辺システムの設計エンジニアに加え，実験を担当するエンジニアと生産準備を担当する生産技術エンジニアの参加が有効である．

自動車メーカは，一般的に設計部署と独立した実験を担当する組織をもっている．実験を担当するエンジニアはモノや現象を見る機会が多く，設計エンジ

ニアと異なる広い視点で問題を発見できる可能性が高い．

　生産技術のエンジニアが参加することにより，新設計による生産工程での問題の発見と生産での対応をすぐに決定できることも多い．

③　サプライヤと共同で実施し，双方の知見を活用する

　自動車を構成する部品の約 70％が調達部品である．部品サプライヤのエンジニアが持つ部品の固有技術と，自動車メーカの設計エンジニアが持つ車両設計の視点で論議することで問題を発見できる可能性が高まる．日産自動車ではサプライヤのみなさんに共同で Quick DR を実施することを呼びかけ，サプライヤ向け Quick DR の研修を積極的に実施してきた．

④　営業やサービスの声は企画に活かせ

　お客様の声を代弁する営業やサービスの代表が未然防止 DR に参加すべきという考え方もある．しかし未然防止 DR は新設計の問題を発見し解決する場であり，営業やサービスが参加する必要はない．営業やサービスがもつ貴重なお客様の声は，企画や設計構想に反映しなければ活かすことができない．

⑤　参加者は 8 名，時間は 2 時間が最も効果的

　Quick DR のセミナーの場で適切な Quick DR への参加者数と実施時間について聞かれることが多い．設計変更の大きさや難易度等を考慮してフレキシブルに適用できることが Quick DR のねらいであるため，明確に規定することをしていない．

　モノを観察しながら，エンジニア同士，またはそこにレビューアが入ってディスカッションを効果的に実施するとき，あえて答えると，「参加者は 8 名以下，時間は 2 時間以下」を推奨している（図 28.1）．

視点 28　未然防止 DR では問題を発見し解決できる参加者を招集する　99

図 28.1　Quick DR に必要な参加者

第4章のまとめ
未然防止のための DR プロセスを構築する

1. 未然防止のためのデザインレビューを開発プロセス上にゲート管理とは別に設定する

2. 未然防止 DR の目的を明確にする
   - 目的は新設計の問題を発見し解決すること
   - DR を通すことを目的にしてはいけない

3. 新設計の問題発見と解決ができる参加者を集める
    設計エキスパート，実験エンジニア，生産技術エンジニア，部品メーカのエンジニア

4. 設計の新規性で DR プロセスを分ける
   - まったく新しい設計に Full Process DR を適用する
   - 基準設計からの変更に Quick DR を適用する

5. 起こりうる問題の重大性と事業規模で DR の管理レベルを決める

Quick DR 導入企業の声

積水化学工業株式会社

生産力革新センター　CS品質グループ　課長

中里　公昭

[キーメッセージ]

変更点・変化点管理に着目したデザインレビュー（以下，DR）を組織的に推進できるようになりました．

[会社紹介]

当社は住宅カンパニー，環境・ライフラインカンパニー，高機能プラスチックスカンパニーの3つのカンパニーに分かれており，ユニット住宅(**図1**)，パイプ，建材，フィルム，発泡体といったプラスチック加工品，検査薬など多岐にわたる製品やサービスを提供しています．

[Quick DR　導入の取組みとその成果]

設計・開発に起因する品質問題の根本的な解決を図るため，設計・開発力の強化に焦点を当てた社内セミナーの企画を行い，2013年に大島恵氏の「Quick DR 特別講演」を開催しました．

住宅の製品開発は構造体，屋根，外装，内装などといった部品に分けて進めます．これら複数の部品を工場でユニット住宅に組み立てています(**図2**)．「自動車と同様の製造プロセスなので，変更点・変化点管理の考え方が適用できそうだ」ということで，Quick DRの組織的導入を行いました．

まずDR時に開発者は「変更点一覧表」を作成し，仕様の変更点を自ら説明することを必須化しました．"ここが変わった"と変更点を意識的に説明するようにしたことで，変更点に関わる心配点の想定ができ，心配点の抽出もムラなく多くできるようになってきました．

図1 「セキスイハイム」の住宅　　　図2 ユニット住宅の工場生産状況

　また，住宅の場合，製品が大きく会議室に入らないことが多いため，現物を比較しながら議論を進めることは困難です．そこで，建築途中の住宅や試作部品などを活用し，"ここが変更点だ"ということをレビューアが現物で確認しながらDRを進める仕組みにした結果，新製品不具合が減少してきました．

[新たに導入を検討している企業へのメッセージ]

　市場やユーザーニーズごとに固有の商品，固有の技術があるため，各社ごとのカスタマイズも必要だと思います．

　例えば，当社のユニット住宅では，工場で生産した複数のユニット(図2)を組み合わせて棟上げを行い，工事などの「施工」後，完成した住宅としてお引き渡しをします．住宅は長くお住まいいただくので，部品交換やリフォームといった「保全」の対応も必要になります(**図3**)．このような自動車にはない「施工」，「保全」といった固有の工程をDRBFMワークシートに追加しています．

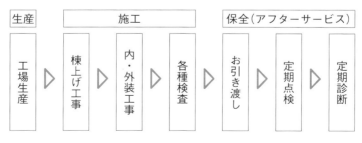

図3　セキスイハイムにおける生産～保全工程の流れ

第5章

Quick DR を効果的・効率的に実施するポイントを習得する

> **Key Message**
>
> Quick DR は有効で効率的な未然防止手法であるが，うまく活用するためのコツがある．新設計に最も近い基準設計を選択し，機能の視点で変更点を考え，問題を発見するポイントを習得しよう

視点29 機能の視点で変更点を考える

　システム全体または機能部位に着目して，機能の視点から変更点を考えることにより，Quick DR は有効で効率的になる（**図 29.4**／p.107）．機能の視点で変更点を考える3つのポイントを解説する．

① 上位の階層ほど新規性が高い

　顧客要求に応えるために製品の機能向上，性能向上，信頼性向上を行う場合，システムレベルや機能部位の設計変更が必要であっても，部品レベルではなるべく既存の部品，材料，工法を用いることが多い．既存の部品を使う方がリスクが小さく，設計も容易でコストも安いからである．一般的に，システムや機能部位という上位の階層では新規性が高く，部品レベルといった下位の階層へ行くにつれて，新規性が低くなっていく．したがって，部品レベルでの比較では本質的な変更点を見落とすことになる．FMEA に慣れているエンジニアほど，部品レベルの変更から着目しがちである．

② 機能部位で変更点を考える

　複数の部品から構成される機能部位に着目し，機能の視点で心配点につながる本質的な変更点を考えることにより，問題点を発見することができる．

　複数の部品から構成される機能部位の典型が，締結構造である．**図 29.1** に締結構造の事例を示す．片持ちで外力 F を受けるブラケットを3本のボルトでベースに締結している構造である．新設計は基準設計に対し締結点 A の位置を 10mm 下方に移動している．ブラケット取付構造と部品レベルの変更点

一覧表を図 29.2 に示す．ブラケット取付構造の視点で変更点を考えると，外力 F によるモーメントを受けるボルト取付スパンが 20％縮小されている．その分ボルトの軸力が増加することになる．これが見逃してはいけない本質的な変更点である．これを取付部を構成するボルト，ブラケット，ベースの部品レ

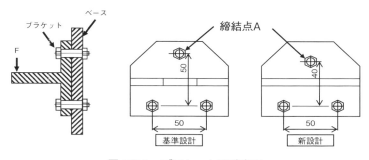

図 29.1　ブラケット設計変更

部位 / 部品名称	機能	基準設計	新設計	変更点 / 変化点	新規性
ブラケット 取付構造	ブラケットをベースに取り付ける	ボルト M6 ×3 本	ボルト M6 ×3 本	変更なし	1
		取付スパン A 50mm	取付スパン A 40mm	取付スパンを 20％縮小	3
ブラケット	荷重 F を支持する	形状	形状	変更なし	1
		板厚 4mm	板厚 4mm	変更なし	1
		材料 S25C	材料 S25C	変更なし	1
ベース	ブラケットを支持する	板厚 4mm 材料 S25C	板厚 4mm 材料 S25C	変更なし	1
ボルト	締結	M6 5T	M6 5T	変更なし	1

図 29.2　ブラケット取付構造の例

ベルの視点で見ると,変更なしとなってしまう.部品レベルにばらすと変更点一覧表が膨大になるとともに,本質的な変更点を見落とすことになる.

シール構造,ストッパー構造等,多くの機能部位は複数の部品で構成されている.部品には必ず部品名があるが,機能部位は名称が定義されていない場合もある.変更点一覧表では機能部位に名称を付け,図29.1のように組み立てた状態の断面図で比較することを推奨する.

③ 複数の機能をもっている部品は機能部位ごとに分ける

樹脂成型部品や鋳造部品では,1つの部品が部位ごとに異なった機能をもっている場合もある.その場合は機能部位ごとに変更を考える必要がある.特に機能部位に名称がついていない場合が多いので,機能部位名称をつけて変更点一覧表を作成する必要がある.

図29.3は,住宅で給水パイプと水栓の金具を連結するために使われている座付き給水栓エルボである.この部品は鋳造の一体構造であるが,部位ごとに

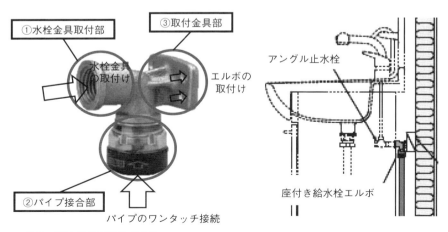

出典:積水化学工業株式会社

図29.3 座付き給水栓エルボの機能部位

次の3つの機能をもっている.
1) 水栓金具取付部：水栓金具を取り付けるねじ部
2) パイプ接合部：給水パイプをワンタッチ機構により接合する部位
3) 取付金具部：建物にエルボを取り付けるブラケット

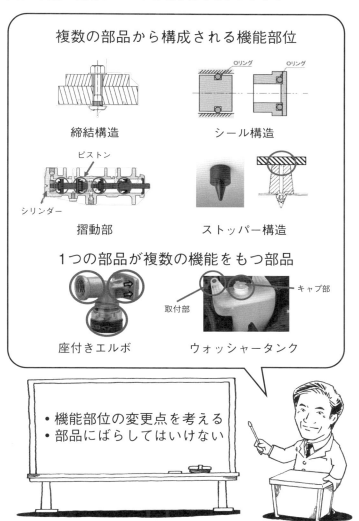

図 29.4　機能の視点で変更点を考えよう

視点 30　新設計に最も近い基準設計を考える

　品質が保証されていて，新設計に最も近い基準設計を選択することで変更規模は小さくなり，Quick DR は有効で効率的になる．適切な基準設計を選択する4つのポイントを解説する（**図 30.3**／p.111）．

① 前型車と比較する必要はない

　自動車メーカが新車を開発するときは，原価や車両重量を企画し部品へ割りつける．総原価や総重量の達成を検証するには，すべての部品を基準となる前型車と比較する必要がある．DRBFM でも前型車と比較することを部品サプライヤに要請することもある．しかし品質には総品質という概念はなく，すべての構成部品を前型車と比較する必要はない．前型車の部品が最も新設計に近いとは限らない．また，部品メーカの視点からは他に新設計の基準となる部品がある場合が多い．

　ブレーキペダルのストロークを油圧に変換する機能をもつマスターシリンダーの例を**図 30.1** に示す．新型車の開発において車両重量が増えたため，マスターシリンダーのサイズを前型車に対し大きくした．自動車メーカの視点から前型車と比較すると，サイズアップが変更点となり，変更規模は大きい（図 30.1 の A）．一方，部品メーカの視点では新設計のサイズは部品系列として存在し，他の自動車メーカで実績がある（図 30.1 の B）．この場合は，搭載する車両の搭載条件や性能目標の違いを変化点としてとらえればよい．同じ自動車メーカの他の車で採用済みであれば，変更規模はもっと小さい．図 30.1 の C は，同じプラットフォームの欧州向けの車両で採用済みのマスターシリンダーを，北米向けの車両に搭載する場合である．この場合はマーケットの違いによ

変更規模	基準設計	新設計	変更点／変化点	新規性
A 前型車との比較 (変更規模大)	前型C車 マスターシリンダー (Φ22) 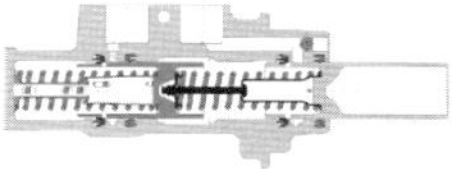	新型C車 マスターシリンダー (Φ24) 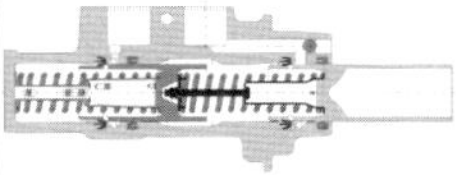	マスターシリンダー サイズアップ 設計変更 Φ22→Φ24	3
B サプライヤーの他社車での実績を活用 (変更規模中)	他社B車 マスターシリンダー (Φ24) 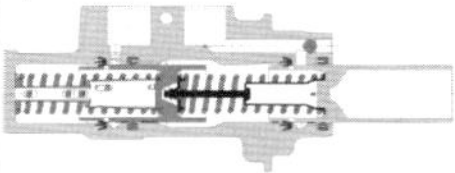	新型C車 マスターシリンダー (Φ24) 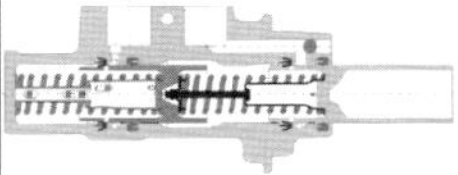	車両の違いの変化点 ・ブレーキ性能目標の違い ・車両搭載条件の違い	3
C 自社の他車の実績を活用 (変更規模小)	自社欧州向けA車 マスターシリンダー (Φ24) 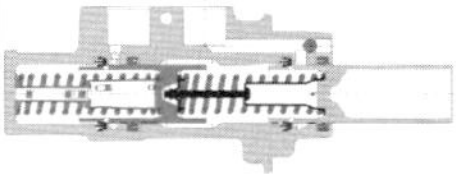	北米向け新型C車 マスターシリンダー (Φ24) 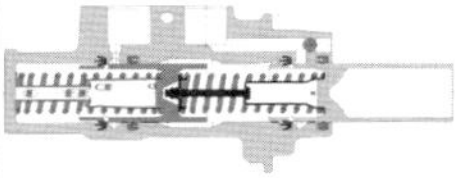	適用マーケットの違い ・ブレーキ操作回数 ・ブレーキ性能目標 ・ブレーキ操作感	3

図30.1 新設計に最も近い基準設計を考える

る性能目標の違いを変化点として捉えればよい．

② 基準設計は1つに絞る必要はない

　基準設計は1つの製品・システムに絞る必要はない．製品やシステムを構成する部品ごとに最も新設計に近い部品を基準設計として選択することができる．**図30.2**に，足元照明ライト(**付録3**／p.70)に使用する照明ユニットのレンズと光源の変更点一覧表の例を示す．基準設計ではレンズと光源が一体であったが，新設計では別体に変更したためレンズと光源は基準設計と異なり，Quick DRが必要となる．しかし別体にしたため，光源は調達先の光源メーカで実績がある標準品を使用することができた．そのため，標準品を基準設計とすることで新規性は低いと判断できる．

システム・機能部位・部品名称	機能	基準設計	新規設計	変更点・変化点（変更目的）	新規性
照明ユニット レンズ	光を導く	・光源／レンズ 一体構造 ・薄型レンズ 	・光源／レンズ 別体構造 ・厚型レンズ 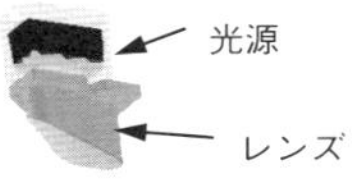 ← 光源 ← レンズ	・レンズの厚肉化（グリップに搭載するため）	3
照明ユニット 光源	発光する	一体構造光源ユニット 	別体構造光源ユニット 	光源ユニットを変更（レンズと光源を別体にするため）	3
		サプライヤー標準光源ユニット	別体構造光源ユニット 	既存の光源を流用	1

図 30.2　複数の基準設計を考える

③　自社で実績のある部品から新設計に近い基準設計を探す

　自動車メーカの設計エンジニアは，担当している車種の前型車を基準設計として考えがちである．部品サプライヤでも，担当している部品の設計変更前の仕様を基準設計として考えがちである．

　例えば，ブレーキマスターシリンダーで上位車種に適用する大きなサイズで機能を追加し，その後小さなサイズにも同じ機能を追加するケースを考えてみよう．サイズごとに設計担当者が異なる場合，小さなサイズの設計担当は担当しているブレーキマスターシリンダーを基準設計として考えがちである．すでに開発済みの上位サイズの機能向上設計をベースにして，サイズ違いによる変化点を考える方が合理的である．

④　生産立ち上がり後の設計変更では2つの基準設計を考えよう

　生産立ち上がり後に，原価低減，品質向上，調達先変更などで設計を変更す

ることも多い．ドアのパワーウインドーシステムの原価低減のために使用しているモータの調達先を変更する場合を考えてみよう．この変更に Quick DR を活用する場合，変更点・変化点を以下の２つの視点で考えると有効である．

1) 変更後のモータの新規性を考える

新たに調達するモータは十分実績があるものをそのまま使用できるのか，標準品から設計変更する必要があるのか等の新規性を確認する．

2) 変更前のモータと変更後のモータを比較する

モータ特性，耐久性，耐環境性が不利になっていないか，取付構造の変更が必要か等の変化点を確認する．

図 30.3　新規設計に近い基準設計を選ぼう

視点 31　自社の知見に固執せず広く既存の技術を活用する

　自動車メーカの設計エンジニアは，自社がもつ技術，経験のあるシステムや部品を基準として新設計と比較しがちである．効果的・効率的にQuick DRを実施するために，部品サプライヤがもつ専門メーカとしての知見や技術・実績をうまく活用する4つのポイントを解説する（図31.2／p.115）．

① 部品サプライヤの技術をもっと活用する

　自動車メーカの歴史を振り返ると，自動車の信頼性向上，排気ガスの浄化，安全性の向上など，難しい技術課題に挑戦し続けてきた．従来どこにもない技術はすべて社内で開発し，製品化してきた．未然防止もFull Process DR相当が必要であった．自動車に必要な技術が高度化するに従って，すべての技術開発を自動車メーカ社内で行うことは難しくなり，専門技術をもつ部品サプライヤの技術や部品を活用して車両設計をするようになってきた．そのような役割分担の変化があっても，社内で技術開発を行ってきた経験が長いエンジン設計やシャシー設計の部署では，すべての新設計を自社の知見で考えがちである．

　ピックアップトラックのキャブの防振マウントゴムを流体マウントに変更した事例を，図31.1に示す．乗員が乗るキャブを6個のゴムマウントで防振支持する構造である．乗り心地の向上を目的として，液体を封入し減衰特性を向上した流体マウントを採用することとした．この流体マウントはエンジンマウントで多く使われている技術であるが，キャブのマウントに適用するのは日産自動車では初めてであった．ゴムマウントを基準設計とすると，流体マウントはまったく機構が違うため，Quick DRが適用できる範囲を超えている．そこで，担当設計エンジニアは，社内で知見のある流体エンジンマウントを基準設

視点31 自社の知見に固執せず広く既存の技術を活用する

基準設計	新設計	変更点/変化点	新規性
前型車ゴムキャブマウント 	A社流体キャブマウント 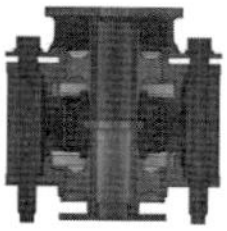	流体キャブマウント構造の新規開発が必要	4 DRBFMは適用不可
自社流体エンジンマウント 	A社流体キャブマウント 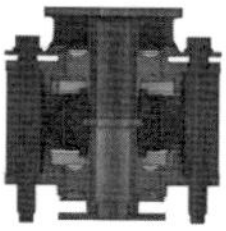	流体マウント構造は近いが、周波数特性、ストロークが大きく異なる	3 or 4 変更点/変化点が大きくDRBFMの適用は難しい
既存の他社向けA社流体キャブマウント 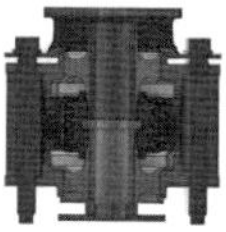	A社流体キャブマウント 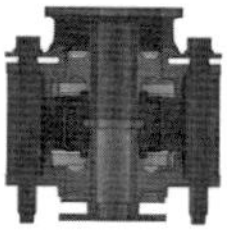	流体マウント構造は流用可能	2
		マウントの車体への取付構造、レイアウトが異なる	3
		キャブの質量、負荷条件が異なる	3

図31.1 流体キャブマウントの事例

計としてQuick DRを実施しようとしていた．しかし，既存のエンジンマウントは，流体マウント構造は近いが，周波数特性やストロークが大きく異なるため，基準になりえない．

調達先のサプライヤに確認すると，他社のピックアップトラック向けに流体キャブマウントの実績と技術をもっており，流体マウント部分は同じものが使えることがわかった．自動車メーカの設計エンジニアは初めて採用する流体マウントの内部構造について着目しがちであるが，そこはサプライヤの技術と実績を活用し，取付構造の違いや要求特性の違いに着目してQuick DRを実施することとした．

② サプライヤでの新規性に注意する

自動車メーカにとって，調達先の部品サプライヤの技術や実績を活かせれ

ば，リスクは小さくなる．図31.1の流体キャブマウントのケースでは，根幹技術である流体マウント部分に，すでに実績がある標準構造を流用できるため，リスクは小さい．しかし自社の要求を満足するために，サプライヤがもつ既存の部品または設計標準から変更が必要な場合がある．サプライヤがマウントの要求特性を満足するために流体室の構造を新設する場合は新規性が高い．この場合は，基準設計からの変更点を明確にして Quick DR を実施する必要がある．

③ 実績のある部品を自社製品に適用するときは変化点に注意する

サプライヤで実績がある部品を流用する場合は，その部品を適用していた他社の車両と，新たに適用する自社の車両の違いを変化点として捉え，不利な方向の変化があれば Quick DR を適用する必要がある．図31.1の流体キャブマウントでは，車両への取付構造が不利になっていないか，性能や信頼性の要求が過去の実績やその部品の実力値を超えていないかを確認する必要がある．

④ 「ノウハウだから答えられません」の本当の意味

対象部品の専門メーカであるサプライヤの知見と，自動車メーカの車両設計の技術を活用する共同の Quick DR を推奨している．そのときサプライヤから「ノウハウだから情報を開示できない，と言われることがあるが，どうしたらよいか」との質問を受けることがある．多くの場合は質問の仕方が悪い．サプライヤが答えをもっていないことを聞いている．例えば，自動車メーカが経験した他のサプライヤの部品との違いの理由を質問しても答えようがない．そのとき，「ノウハウだから答えられません」は便利な回答である．サプライヤが答えられる未然防止に役に立つ質問をしよう．他社との比較ではなく，「自社の要求仕様に対し，採用しようとしている部品の実力値はどうか，設計変更は必要か」と聞けば，有効な回答を得ることができる．

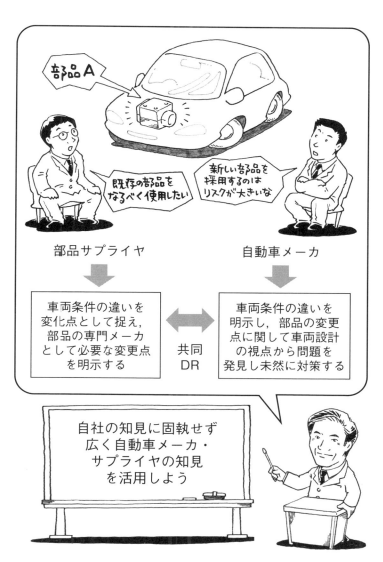

図31.2　広く知見を活用する

視点 32 デザインレビューをやらない言い訳にエネルギーを使うな

DRをやらなくてよい理由を説明するためにエネルギーと時間を使うことはやめよう．心配につながる変更点を考え，問題を発見する3つのポイントを解説する．

① 設計エンジニアはできればデザインレビューをやりたくない

緻密なデザインレビュー(以下，DR)を仕組みとして実施している企業ほど，現場の設計エンジニアはDRは大変だと思っている．できればDRはやりたくないと思っていると，DRをやらなくてよい理由を説明するためにエネルギーと時間を使うことになる．

設計エンジニアは新たな設計に問題がないことを説明するために膨大な資料を作成し，必死にレビューアを説得しようとする．レビューアは，何か問題を隠していないかとの疑いの目で設計検討に抜けがないかを確認しようとする．

② 心配につながる変更点を見つけるマインドを醸成する

新設計に問題がないことを説明することではなく，心配につながる変更点を考え問題を発見することを目的としよう．設計エンジニアとレビューアのマインドを問題発見に変えることでDRは大きく変わる．問題がないことを説明するために作成していた資料を大幅に削減することができる．心配につながる変更点を設計エンジニアとレビューアで共有することにより，レビューアの知見を活かした効果的なDRが効率的に実施できるようになる．

③ 新規性の判断理由は DR をやらない言い訳になりやすい

片持ち構造で力 F を支えるブラケットの設計変更に対する変更点一覧表の例を，**図 32.1** に示す．「モーメントスパンを 33％延長する」ことが，心配点につながる変更点である．変更点の新規性を 3 として DRBFM を実施する．このブラケットのモーメントスパンに関する設計基準があり，設計自由度が 30〜45mm であれば，新設計の 40mm は設計基準の範囲内で新規性は 2 となり，DRBFM に進む必要はない．このように，変更点と変更内容を具体的に定量的に明確化することにより，新規性も正確に判断できる．

Quick DR の導入初期に，「新規性の判断理由を記入する欄を追加してほしい」との要望があった．実際に判断理由の欄に記入されている内容を見ると，ほとんどが「新規性 2 で，DRBFM は必要ない」という言い訳になっていた．心配点につながる変更点を考えるマインドを醸成するために，あえて判断理由の欄を削除することとした．

心配につながる変更点を探すことにエネルギーを使いたいものである（**図 32.2**）．

部品名称	部品の機能	基準設計	新規設計	変更点と変更内容	新規性
ブラケット	力Fを支える	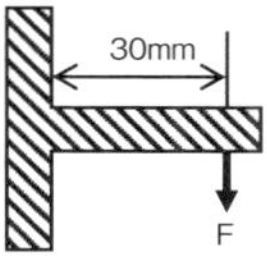 30mm	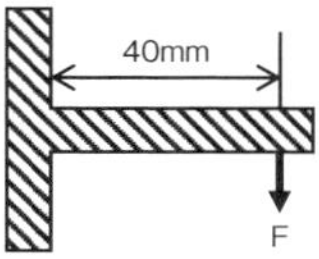 40mm	モーメントスパンを33％延長	3
ブラケット	力Fを支える	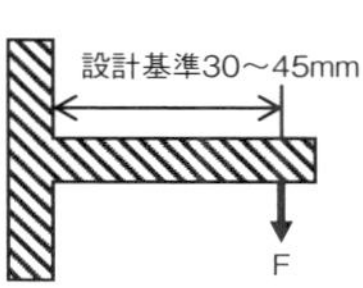 設計基準30〜45mm	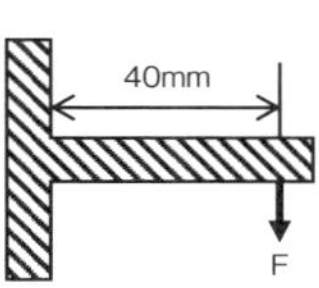 40mm	モーメントスパンを設計基準内で設定	2

図 32.1　心配な変更点を探す

図32.2 心配な変更点を探すことにエネルギーを使おう

視点33 DRBFMワークシートを活用し変更により起こる問題とその対応を考える

DRBFMワークシートを活用し，変更点・変化点によりどのような問題がなぜ起こるか，またそれに対してどう対応するかを考える4つのポイントを解説する．

① 変更点があいまいであるとDRBFMワークシートが膨大になる

変更点一覧表で変更点が明確にされず，あいまいな変更点・変更内容でDRBFMを始めると，DRBFMワークシートが膨大になる．例えば，「材料変更」というあいまいな変更点では，材料にかかわるすべての一般的な心配点とその一般的な要因を記載したDRBFMワークシートになり，起こりうる問題は特定できなくなる．材料変更では不利になった材料特性を変更点ととらえれば，問題が発見できるようになる．

② 機能を列挙してその裏返しを故障・不満としてはいけない

対象の部位や部品がもつ機能をすべて列挙して，その機能の裏返しを故障・不満と定義し，その一般的な原因を列挙することがある．これはFMEAと同様なことをDRBFMワークシート上に展開していることになり，膨大なシートを作成した結果，変更による問題が見えなくなる．これは，FMEAに慣れている設計エンジニアほど陥りやすい．

③ 変更点〜故障〜要因を論理的につなげる

変更点一覧表で明確にした変更点または変化点により，どのような故障・不満がなぜ起こるのかを考えよう．変更点〜故障〜要因が論理的につながっていることを常にチェックしながら，DRBFMワークシートを作成しよう．また起こりうる現象である故障・不満とその原因を明確に分離しておくことも重要である．

図33.1の事例では，取付部の断面の縮小(変更点)による曲げ応力の増加(要因)により，疲労クラック(故障)が発生することを示している．

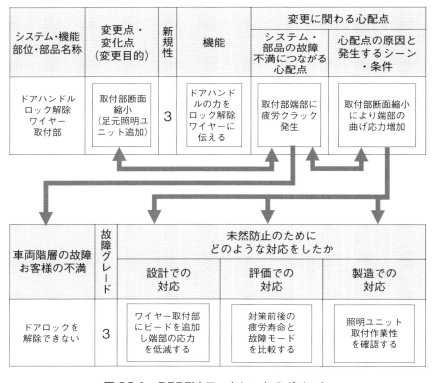

図33.1　DRBFMワークシートのポイント

④ システム・部品の故障の製品全体への影響および対応策を考える

システム・部品レベルで起きる故障が，上位階層の車両やお客様にどのように影響するかを考える．また，その問題の重要性を故障グレード欄に記入する．

特定した故障や不満の要因に対して対応策を考える．DRBFMでは設計対策に加え，実験と製造で対応策も同時に考える．

DRBFMワークシートの進め方を，**図33.2**に示す．

図33.2　DRBFMワークシートの進め方

視点 34　設計・評価・製造の視点で対応策を考える

　発見した問題とその要因に対し，設計・評価・製造の視点で対応策を考えるのが DRBFM の特徴である．Quick DR でもこの 3 つの視点で対策を考えるために，設計エンジニアに加えて実験エンジニアと生産技術エンジニアがディスカッションに参加することを奨励している（**図 34.1**）．

　適切な対応策を考える 4 つのポイントを解説する（**図 34.2**）．

① 必ず設計対応を考える

　設計での対応を考えることが最も重要である．実験的な対応と製造での対応の前に，設計的にどのように問題を解決するかを明確にすることが必須であ

未然防止のためにどのような対応をしたか		
設計での対応	評価での対応	製造での対応
■ 設計対策を図面に落とせるように具体的に記述する ■ 安易に評価に頼ってはいけない	■ 標準化された実験基準をすべて記載する必要はない ■ 設計対策を決定するために必要な実験・計測を記述する ■ 設計対策の効果を確認するために必要な実験基準にない試験法、負荷条件、計測、観察項目を記述する	■ 設計対策に加えて製造で必要な対応策を記述する ■ 設計対策を決定するために必要な工程能力等の調査項目を記述する ■ 設計変更が工程に影響する問題とその対応を記述する

図 34.1　設計・評価・製造での対応

る．

　設計対策は図面に落とせるように具体的に決めることが必要である．具体的な設計対応をDRの中で決めておかないと，手戻りが発生する．

② 実験基準にない実施すべき実験を考える

　評価の欄にすべての実験基準を記述する必要はない．それらの実験はここに記述しなくても，必ず実施するからである．発見した問題の対策を決めるため，または対策の効果を確認するために実施する実験基準にない実験を記載する．

　このとき，試験部品仕様の選択，負荷条件，計測，観察項目等について，実験を実施する実験エンジニアと綿密に決めておくと，手戻りを防げる．

③ 想定した問題から優先順位の高い実験を考える

　Quick DRのディスカッションで，設計変更により起こりうる故障を実験担当のエンジニアと共有することにより，実施する実験の優先順位が考えられる．起こりうる故障を再現する実験から着手することにより，ムダな実験を省くことができる．

　小さな設計変更では，必ずしもすべての評価実験をする必要はない．または時間的にできない場合もある．Quick DRの中で設計的に問題がないことが検証できたものは，実験を省略することで，開発効率を上げることができる．

④ 製造にかかわる問題も同時に解決する

　発見した問題を設計対応だけで解決することが理想である．しかし管理特性を追加する，強化する等の製造での対応が必要な場合は，生産技術エンジニアとコンセンサスをとって製造での対応の欄に記載する．

設計変更により生産工程への影響がある場合もある．例えば，性能要件から構成部品のバネ定数を高くしたため，組みつけ時に必要なねじりトルクが高くなることに気がついたとき，生産技術エンジニアが DR に参加していれば，既存の治具で十分対応できるのか，治具の強化が必要なのかがその場で判断できる．このスピードがまさに Quick DR である．

図 34.2　設計・評価・製造の視点で対応策を考える

第5章のまとめ

変更点に着目して未然防止を効率的に実施する

1. 変更点一覧表の目的は心配な方向の変更点を見つけること
   - DR をやらない理由にエネルギーを使ってはいけない

2. 機能の視点で変更点を考える
   - 機能部位（締結構造，シール構造等）で変更点を考える
   - 複数の機能をもつ部品は機能部位ごとに分けて変更点を考える

3. 最も新規設計に近い基準設計を選ぶ
   - 自社の経験にこだわらず，部品メーカの知見を活用する
   - 前型車と比較する必要はない

4. 機能を考えながら変更によりどのような問題がなぜ起こるのか論理的に考える

5. 設計対策に加えて，実験での対応，製造での対応も同時に考える

Quick DR 導入企業の声

日本精工株式会社
品質保証本部　主務
前田　明年

[キーメッセージ]

Quick DR の継続的教育による設計者の意識改革と，日常業務化による設計品質問題の撲滅をめざしています．

[会社紹介]

当社は，国産初の軸受メーカーとして，100 年以上にわたり幅広い産業に貢献しています．軸受を主力製品とし，長年培った精密加工技術を利用した自動車用ステアリングシステム，ボールねじや，リニアガイドなどの直動製品，メカトロ製品を生産しています．

[Quick DR 導入の取組みとその成果]

設計は品質のつくり込みにおける上流工程であり，小さなミスも品質へ大きく影響するため，設計段階では何としても品質問題を未然に防ぐ必要があります．製品特性上，従来品をベースにした設計業務が大半を占め，そのような案件に効果的に継続できるデザインレビュー(以下，DR)の手法を探索している中で，日産自動車から Quick DR を紹介していただきました．

2010 年から全設計分野に基礎教育(Crew 研修)を開始し，上位である認定教育(Pilot 研修)も導入しました(図 1，図 2)．両教育を 7 年間継続した結果，Crew 受講者，Pilot 認定者を年々増やし，各技術分野に所定の人員が揃いつつあります(図 3)．Crew 受講者は実務での活用，Pilot 認定者は加えて Quick DR の指導役となってもらい，日々の DR の質向上に努めています．

特に Pilot 研修は，受講者の実務課題を題材に，Quick DR の内容をレビュー，

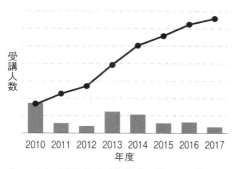

図1 Crew 研修受講状況

図2 Pilot 研修

図3 Pilot 認定者の推移

アドバイスいただく個別指導方式をとり,
- 最適なベース設計(実績品)の選定ができているか
- 本質的な心配点の洗い出しから具体的な対策が施されたか
- レビューアによる気づきの誘発が得られたか

といった内容を軸に,基本設計が確定された製品に対して,設計変更によるサイドインパクトを効率的に引き出し,設計者の気づかない問題やリスクに事前に対処されていることが認定のポイントとなります.一度の受講では認定は困

難であり，数回の指導をいただき，ようやく認定されるハイレベルの研修です．

　Quick DRを導入し，7年間継続した成果として，設計品質問題の激減が実現でき，その効果が明らかに見えるようになってきました．

　一時的に研修を受け，社内ルールを定めるのではなく，設計部署が実務でよかったと実感できるまでじっくりと腰を据え，職場に根づかせるように地道に継続することが重要だとわかりました．現在では，Quick DR対象案件の選定から実施，その後の振り返りまでをルール化し，実務に確実に定着させることができました．今後は，海外設計部署への展開や工程変更への適用も視野に進めています．

[新たに導入を検討している企業へのメッセージ]

　まずはQuick DRの基礎教育(Crew研修)を受講し，より多くの実務に使ってみることをお勧めします．設計者が手法に慣れ，自らその効果に納得し，部署内で共通用語となるまで，あきらめず継続的に展開することが重要です．

　ルール化はその後で，業務への浸透度合いを見定めて，誰もが運営できる体制を整えることをお勧めします．

第6章

レビューアのマインドセットを変える

> **Key Message**
>
> 　レビューアの役割は，製品の品質を向上するとともに，設計エンジニアを育成することである．問題を指摘し指示を出すことから，設計エンジニアをサポートし育成することにマインドセットを変える．

視点35 設計エンジニアをサポートして育成するマインドをもつ

　レビューアの役割は新設計の問題を発見し，解決して未然防止につなげるとともに，設計エンジニアを育成することである．設計エンジニアを育成する3つのポイントを解説する．

① ティーチングからコーチングにマインドセットを変える

　多くのエキスパートたちは，自らの技術と経験から新設計の問題を指摘して改善策を指示することがレビューアの役割と考えていた．設計エンジニアが未熟な点をエキスパートが指摘し，指示しなければ製品の品質はよくならないと考えているからである．ベテランのエキスパートほどこの傾向が強い．レビューアが指示することは一見効率がよいように見えるが，本当にレビューアの指示だけで製品品質はよくなるのだろうか．設計エンジニアがレビューアの指示を正確に理解していないと手戻りが起こり，結果的には効率が悪くなる．

　レビューアは一方的に指示するティーチングではなく，設計エンジニアが新設計に潜む問題とその対応策を考えることをサポートし，気づきを引き出すコーチングをすることが重要である．設計エンジニアは，自ら気づくことで，実施すべき対応を正確に理解し実行できる．新たな知見を得るとともに，ムダな手戻りを防ぐことができる（**図35.1**）．

② 設計エンジニアは気づくことで成長する

　デザインレビュー（以下，DR）は，設計エンジニアの技術が向上するまたとない機会であるが，設計エンジニアは多くの指摘や指示を受けることで学ぶわ

図 35.1　ティーチングとコーチングの違い

けではない．むしろレビューアの指示を待つことで考えなくなることが弊害になる．設計エンジニアは，レビューアの技術力，経験に基づくサポートを受けながら考え，気づくことで学び，成長する．レビューアはいきなり指示するのではなく，設計エンジニアに考えさせ，気づきを引き出すことを実践しよう．

③　設計エンジニアを育成することで組織のパフォーマンスが向上する

　設計エンジニアがデザインレビューで自ら考え学ぶことは個人の成長につながるだけでなく，開発組織全体のパフォーマンス向上にも寄与する．デザインレビューで設計エンジニアがレビューアとともに考え，得た知見を設計部署に持ち帰り共有することができれば，次からはレビューアの知見を借りなくても設計部署の中で完結できるようになる．レビューアは他の新しい設計のDRに時間を割くことができるようになる．

　レビューアのマインドセットを変えてDRを設計エンジニアの学びの場とすることで，組織パフォーマンスを向上させよう（**図 35.2**）．

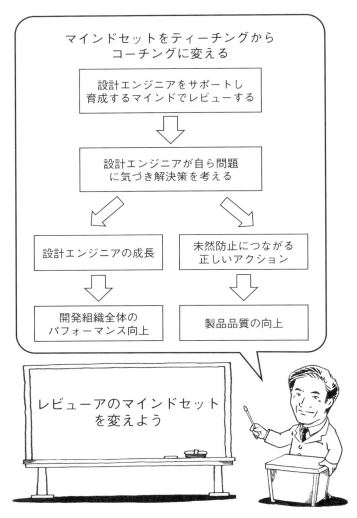

図35.2　レビューアのマインドセットを変える

視点 36 コミュニケーション力を向上させる

レビューアに必要な能力を2つの階層で解説する．

① レビューアに必要な3つの能力

新設計の問題を発見し解決するとともに，設計エンジニアを育成する役割を果たすために，レビューアには次の3つの能力が必要となる．

1) 問題を発見し解決する技術力

新設計に潜む問題を発見し，解決できる技術力を有していることが最も重要である．モノ造りの経験，対象製品に関する知識だけではなく，その経験や知識を論理的に解釈し，新設計に生かせる技術力と隠れた問題を発見する洞察力が必要である．レビューアの責任は正しく技術的な判断を行うことである．それができる技術力が必要である．

2) DRツールとDRプロセスの正しい理解

DRの3要素はDRツール，DRプロセス，レビューアであるが，レビューアは，DRツールとDRプロセスを正しく理解しておかなければならない．DRツールをいつどのように使用するか，レビューアと受審者である設計エンジニアの間で離齬があると，レビューアの要求と受審者の準備の違いから手戻りが起こる．日産自動車ではQuick DRの導入以来，設計エンジニアとともにレビューア層にも継続的にDRツールとDRプロセスの研修を実施している．

3) 受審者とのコミュニケーション力

受信者である設計エンジニアに考えさせ，気づきを引き出し，育成するには，コミュニケーション力が不可欠である．若いエンジニアができればDRに参加したくないと思う主要な原因は，レビューアのコミュニケーション力の不

足である.一般的にベテランのレビューアほどこの傾向は強い.日産自動車では,DR を学びの場に変えるために,コミュニケーション力を向上するトレーニングをレビューア育成教育に取り入れている[1].

② コミュニケーション力を高める3つのコーチングスキル

レビューアのコミュニケーション力を向上するために,コーチングトレーニングの第一人者である本間正人先生に協力をいただき,教育プログラムを作成した[6].

コーチングトレーニング体系の中から,レビューアのコミュニケーション力に必要な**図 36.1** に示す3つのスキル,「傾聴力」,「質問力」,「共感力」を取り出し,レビューア向けのトレーニングを構築し,実施してきた(**図 36.2**).

3つのコーチングスキルにより,どのように DR が変わるかを,次の視点 37 ～ 39 で解説する.

図 36.1　レビューアに必要なコーチングスキル

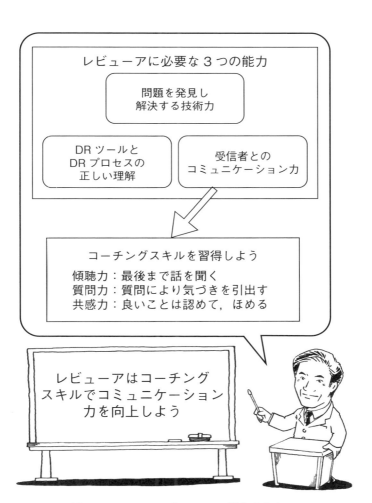

図 36.2 コミュニケーション能力の向上

視点 37　傾聴力：アクティブリスニングでデザインレビューの雰囲気を変える

　傾聴力，すなわち話をよく聞くスキルはDRの雰囲気を変える効用がある．設計エンジニアの話を傾聴する4つのポイントを解説する．

①　設計エンジニアの話を最後まで聞く

　傾聴力とは，話を最後まで聞くということである．多くのレビューアが設計エンジニアの説明をなかなか最後まで聞かずに，途中でコメントや指示を出してしまいがちである．一般的に設計エンジニアはよく考えたところでは失敗しない．考えていなかったところに問題が起こることが多い．したがって，レビューは設計エンジニアがどこまで考えているか，考えていないことは何かを見極める必要がある．そのためには説明を最後まで聞く必要がある．

②　アクティブリスニングでDRの雰囲気は大きく変わる

　設計エンジニアの話を最後までじっと聞いていればよいということではない．積極的に聞くアクティブリスニングが必要である．アクティブリスニングとは，「うなずき」，「あいづち」や「確認の言葉を返すこと」である．これらは「私はあなたの話を聞いていますよ，受け取っていますよ」というフィードバックである．このフィードバックがあるかないかで話し手の話しやすさは大きく変わる．レビューアから何もフィードバックがない状態で説明を続けるのはとても辛く，早く終わりたいと感じる．一方レビューアが積極的にアクティブリスニングを行うとDRの雰囲気は大きく変わり，受審者はもっとレビューアに話を聞いてもらいたくなる．

③ 設計エンジニアは話すことで気づく

　傾聴力は，設計エンジニアの気づきを引き出す効用がある．DR を実施するということは，まだ開発の途中であり，設計エンジニアはすべてのことが整理できているわけではない．混沌としたものがあっても，レビューアがアクティブリスニングを実践することで設計エンジニアは話しながら頭の中が整理され，気づきが誘発されることがある．アクティブリスニングにより設計エンジニアが話しやすい雰囲気をつくり，気づきを引き出そう．

④ 設計エンジニアを被告席に立たせてはいけない

　設計エンジニアが話しやすい雰囲気は，アクティブリスニングとともにレビューアと設計エンジニアの席の位置も大きく影響する．設計エンジニアを被告席のような場所に立たせてはいけない（**図 37.1**）．裁判官のように並んだレビューアの前で一人だけ被告席に立たされ，後ろの傍聴席の上司が助けてくれないような雰囲気の中で説明するのは大変つらい．早く終わって帰りたいと思うだろうし，そこには気づきは生まれない．日産自動車では，レビューアと受審者が向き合わずに座れる工夫をしている[1]．傾聴力のポイントを**図 37.2** に示す．

図 37.1　設計エンジニアを被告席に立たせてはいけない

図37.2　傾聴力を高めるアクティブリスニング

視点 38　質問力：質問で設計エンジニアの気づきを引き出す

質問力とは，質問を繰り返し，設計エンジニアが考えることを促し，自ら問題や解決策に気づくことをサポートするスキルである．気づきを引き出す4つのポイントを解説する．

①　指示するのではなく，質問により気づきを引き出す

レビューアは設計エンジニアの説明を聞く途中で問題点に気がつくと，すぐに指摘・指示をしがちである．しかしすぐに指示するのではなく，設計エンジニアとともに考えるマインドを持って質問を繰り返すことで，設計エンジニアが自ら考え気づくようにリードしよう．設計エンジニアは，レビューアのアクティブリスニングに加えて的確な質問に答えることで，混沌としたことが整理され気づきが誘発される．

設計エンジニアはレビューアのサポートを受けながら，ともに考え自ら気づくことで，レビューアが伝えたかった新設計の問題を本質的に理解することができる．自ら考え気づくことで設計エンジニアは成長する．また指摘された問題ではなく，自ら発見した問題にはすぐに対応する．

また，レビューアの視点からは，質問を繰り返すことで，レビューアが発見し解決すべきと考えた問題を，設計エンジニアが正確に理解したかを確認することができる．これにより，正確な理解に基づく的確な対応に結びつけることができ，ムダな手戻りを避けることができる．

指示した方が早いと感じるかもしれないが，質問して気づきを引き出すことにかかる時間はそれほど長くなく，効果的である．ぜひ実践し実感してほしい．

6章　レビューアのマインドセットを変える

② 質問を繰り返して設計エンジニアと話のキャッチボールをする

　設計エンジニアとともに考え，気づきを引き出すコツは，レビューアが質問し，それに設計エンジニアが答える，話のキャッチボールを繰り返すことである．話のキャッチボールには4つのコツがある．

　1）　簡単な質問から始める

　いきなり難しい質問をぶつけても設計エンジニアは答えることはできない．最初はすぐに回答できるような簡単な質問から始めることで，設計エンジニアの緊張を和らげられる．初球は受け取りやすい，優しいボールを投げよう．

　2）　小さな質問を繰り返す

　いきなり大きな質問をしても設計エンジニアはすぐには答えられない．小さな質問を繰り返すことでキャッチボールを続けることができる．

　3）　先を読んでオープンクエスチョンを繰り返す

　設計エンジニアが考えることを促すには，イエス・ノーで答えられないオープンクエスチョンが有効である．小さなオープンクエスチョンで質問して，その答えを予想しながら次のオープンクエスチョンを考え，徐々に核心の質問につなげていくことで，設計エンジニアは考える余裕ができ，気づきやすくなる．

　4）　クローズクエスチョンで間を取る

　イエス・ノーで答えられるクローズクエスチョンを挟んで間を取ると，設計エンジニアは答えやすくなる．例えば，実施した実験の内容の説明を求めるときに，いきなり内容説明を求めるのではなく，「この実験は実施しましたか」と聞いて間を取ることで，設計エンジニアに答える準備時間ができる．

③　設計エンジニアが「どのように設計したか」を質問する

　レビューアが新設計に潜む問題を発見するためには，設計エンジニアが何を基本設計として，どのような変更を行って，変更により起きうる問題をどのよ

うに対処したかを確認する必要がある．しかし，設計エンジニアがこれらを変更点一覧表や DRBFM ワークシートに書き下せていない場合がある．また，帳票を埋めるために，設計エンジニアが設計したことと異なることを書いている場合もある．これらに気づいたら，「どのように設計したか」と質問して，設計エンジニアが考えたことを引き出し，それにより問題の発見と気づきにつなげよう．

④　指示するときは具体的に指示する

　設計エンジニアの理解が不十分と判断し，レビューアが指示することが必要なときもある．そのときも，いきなり指示するのではなく，「指示したいことがありますが，いいですか？」のように，予告してから指示することで，設計エンジニアは受け取る準備ができる．

　指示するときに最も重要なことは，設計エンジニアが実施できる具体的な指示をすることである．レビューアのあいまいな指示は，ムダな仕事をつくっても，付加価値にはつながらない．最もあいまいで設計エンジニアが嫌うのは，「検討しておきなさい」という指示である．付加価値につながる指示をするのがレビューアの役割である．付加価値につながる指示については，視点 44（p.162）で詳しく解説する．

　質問力のポイントを**図 38.1** に示す．

図 38.1　質問で気づきを引き出す

視点 39 共感力：正しい方向の努力を認めほめる

　共感力とは，よかったことは認めてほめるスキルである．設計エンジニアは気づいたことや努力したことの価値を認められ，ほめられることでモチベーションが高まり，次も実施しようという気持ちになる．設計エンジニアを認めてほめる3つのポイントを解説する．

① 驚くほどほめることがなかった

　従来のDRの中で，レビューアが受審者たちをほめることは，その効用の割には驚くほど少なかった．コーチングスキルトレーニングの導入時に，前述の本間正夫先生にコンサルティングを依頼し，実際のDRの様子を撮ったビデオを見ていただいた．ビデオを見た後，「レビューアのみなさん，見事にほめませんね」と指摘され，衝撃を受けた．

② デザインレビューの中でほめることの効用

　DRの中でほめることは次のような効用がある．ぜひ実践してほしい．
1) 設計エンジニアのDRに参加するモチベーションが高まる
　設計エンジニアは実施したことやよい気づきをほめられることでモチベーションが高まり，DRに積極的に参加したいと思うようになる．
2) 設計エンジニアを正しい方向に導く
　設計エンジニアの正しい努力を認めることで，正しい方向に導くことができる．設計エンジニアは，実施したことの価値を認められることにより自信がつき，次も同じことを実施しようと思う．

ほめることの効用を理解し，DR の中で一度はほめることを実践してみよう．

③　効果的なほめ方

ただほめ言葉を並べればよいわけではない．効果的にほめるには，以下の 3 つのコツがある．

1) 事実を認めて，ほめる

事実ではないことをほめられてもうれしくはない．何がよいのか，何が価値があるのかを具体的に示して認め，ほめることが，モチベーション向上や正しい方向を示すことにつながる．

2) タイミングよくほめる

よい気づきがあったとき，実施したことの価値を感じたときにその場で認め，その場でほめることが有効である．後で改めてほめるより，ほめる方もほめられる方も自然にできるようになる．

3) 心を込めてほめる

レビューアが本当によいと思ったことをほめることが大事である．心がこもっていない単なるほめ言葉はすぐに見透かされ，逆効果となる．レビューアの熱い気持ちが伝わるがゆえに受審者はモチベートされ，次も頑張ろうと思うようになる．

ほめ言葉は，ほめる方もほめられる方も初めは気恥ずかしいこともあるので，価値を認めることから始めると入りやすくなる．また，DR の場で急にほめると驚かれるかもしれない．普段から部下の人たちとのコミュニケーションの場で，傾聴力とともにほめることから始めるとよい．

共感力のポイントを**図 39.1** に示す．

視点 39　共感力：正しい方向の努力を認めほめる

図 39.1　よいことは認めてほめる

第6章のまとめ

レビューアのマインドセットを変える

レビューアのマインドセットを変えよう

設計エンジニアをサポートし
育成するマインドをもとう

⇩

レビューアに必要な3つの能力

- 技術力：問題を発見し解決する
  技術力, 経験, 洞察力
- DRの知識：DRツールとDRプロセス
  の正しい理解
- 受審者とのコミュニケーション能力：
  コーチングスキル

⇩

レビューアに必要なコーチングスキル

- 傾聴力：最後まで話を聞く
- 質問力：質問により気づきを引出す
- 共感力：よいことは認めて, ほめる

Quick DR 導入企業の声 ❻

三井金属アクト株式会社
技術開発本部 開発部　主担
北　真一郎

[キーメッセージ]

Quick DR は，設計者を苦しめるものではなく，支援するものです．

[会社紹介]

当社は，ドアロック，ドアヒンジを始めとした自動車用機能部品の開発から設計・製造までを行う自動車機器メーカーです．

[Quick DR 導入の取組みとその成果]

当社では 10 年程前に DRBFM を導入しましたが，Quick DR は日産自動車とデザインレビュー(以下，DR)を行うべく導入し，2009 年に初めて QuickDR 研修をオンサイトで開催しました．このころは，Quick DR とは何か？ DRBFM とは何が違うのか？　と戸惑いつつも，担当設計者たちは日産自動車との新車開発や原価低減活動などにおける設計変更で，実務体験を通して理解を深めてきました．しかしながら，社内外の DR においては"被告人"になるような心境を抱き，どれだけ"武装"していけるか，という状況に陥る場面もありました．

2013 年からは Quick DR Pilot 認定取得を目指した事例相談会を，大島恵氏を講師に招いて継続的に実施してきました．開催頻度が高くなかったこともあり，受講者が Pilot 認定をいただくまでにはある程度の期間を要しましたが，まずは目標とした Crew と Pilot 充足率に達することができました(**図1**)．

これらの研修成果として，Quick DR のスタイルと進め方が社内において定着しつつあり，Pilot 認定を受けたリーダー層は各種製品開発の業務を通じて

若手メンバーの育成・指導に当たっています．

最近の事例では，日産自動車との新型バックドアヒンジ開発で Quick DR を実施してきましたが，このような新しい機構でも基準設計をうまく選ぶことにより，Quick DR で効果的かつ効率的な未然防止ができて，立ち上がり以降は品質問題はなく推移し，また製品としても好評をいただいており，成果につながりました（**図 2**）．

これまで Quick DR の研修や実際の DR を通して痛感したことは，客観的かつ本質的な変化点を見出すことが最も重要だという点ですが，日々の開発業務において設計者自身や上司の意識も変革してきており，「まず変更点を洗い出そう」，「他に変更点や変化点はないのか？」というところから Quick DR の準備が始まっています．

戦うレビューではなく，"支援するレビュー" として，Quick DR が一層定着していくようにしていきたいと思います．

［新たに導入を検討している企業へのメッセージ］

過去の DR では，担当者を追い詰めてしまった，問題の指摘はしても担当者に解決のヒントを与えられていなかった，ということもあったと思いますが，Quick DR の導入によって，目からウロコの気づきが与えられることがあります．

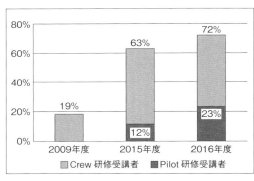

図 1　Quick DR Pilot と Crew 充足率　　　　図 2　新型バックドアヒンジ

第7章

問題発見と解決につなげるレビューポイントを習得する

> **Key Message**
>
> レビューアの役割は設計エンジニアをサポートし,新設計に潜む問題を発見し,未然に解決することである.そのために設計エンジニアが見落とした問題を発見し,解決するためのレビューポイントを習得する.

視点 40　設計エンジニアとは異なる視点で問題を発見する

設計エンジニアが見落とした問題を発見するために，レビューアは設計エンジニアとは異なる視点で新しい設計を見ることが必要である．レビューアに必要な，設計エンジニアとは異なる4つの視点について解説する(**図 40.1**)．

① 設計エンジニアが考えていない領域に目を向ける

一般的に，設計エンジニアはよく考えたところでは失敗をすることはない．考えなかったところ，想定しなかったところで失敗する．したがって新設計に潜む問題を発見するために，レビューアは設計エンジニアがすでに考えたところを逐一チェックするのではなく，設計エンジニアが考えていない領域に目を向けることが必要である．

設計エンジニアが正しい手順で設計基準に従って正しく設計したか，必要な再発防止の知見がすべて織り込まれたかどうかを出図前に確認することは必要である．これは未然防止ではなく再発防止のプロセスであり，設計マネージャーが図面の承認の前に実施すべきことである．レビューアによる未然防止のためのデザインレビュー(以下，DR)は，再発防止のプロセスや設計基準ではカバーできない，変更による新たな問題を発見することがねらいである．レビューアは設計エンジニアとは異なる視点で新設計に潜む問題を発見しよう．

② 機能・性能向上対策の副作用を考える

機能が重要な製品や機能部品の開発において，設計エンジニアは商品力や性能を向上するための方策を一生懸命に考える．しかし，その改善方策の副作用

については見落としがちである．レビューアは機能向上，性能向上の方策が正しくかつ合理的であるかレビューすることも重要であるが，それだけでは不十分である．なぜならば，性能向上がねらいどおり達成できなかった問題より，性能向上の方策により起こる副作用を見落とすことが多いからである．

図 40.1 の「1. 性能向上」の事例では，ゴムマウントにより防振している構造で振動レベルをさらに改善する要求に応えるために，設計エンジニアはマウントゴムのばね定数を下げて剛体固有値を下げることにより，防振域を広げ振動を低減しようとしている．レビューアの視点は，防振設計が適切かだけではなく，同じ大きさでマウントゴムの材料特性を変えることにより耐久性の問題が起こらないかを見ている．典型的な性能向上の落とし穴の発見である．

③ 境界領域に目を向け，問題を考える

自動車のような複雑な製品では，部位ごとに設計を分担している．設計分担の境界が部品の境界でもあるために，境界領域の問題は見落とされがちである．締結やシールが境界領域で見落としてはいけない典型的な機能である．

図 40.1 の「2. 境界領域」の事例では，サスペンションの性能向上のためにサスペンション設計担当が設計変更をした．レビューアはサスペンションの問題だけではなく，そのサスペンションと車体構造との締結構造に視点を置いている．この締結はサスペンション設計と車体設計の境界領域であり，責任があいまいだと問題が見落とされやすいからである．

④ 変更の組合せによる問題を考える

2つ以上の設計変更を同時に実施したときは，その相互作用による問題に注意する必要がある．それぞれの部品は設計基準の範囲や十分な実績があるということで思考停止してはいけない．

図 40.1 の「3. 組合せ」の事例は，操作力を伝達するケーブルの配策の事例

である．設計エンジニアは配策の曲げ R は実績の範囲で，端部の嵌合構造も従来実績のあるものから選択したとして問題ないと考えている．レビューアはその組合せが初めてであることに視点を置いて問題を考えている．

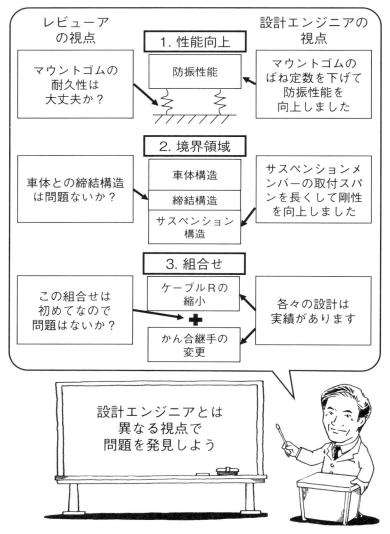

図 40.1　設計エンジニアとレビューアの視点の違い

視点 41　モノや図面を見て問題を発見する

「モノ」，すなわち設計対象の製品や部品をよく観察すること，変更前後の図面を比較することで，新設計の問題を発見することができる．レビューアがモノや図面を見るときの4つの視点について解説する（**図 41.1**）．

①　モノや図面を見ることで問題が発見できる

Quick DR が適用できるということは，基準となる部品とその図面が存在しているので，それらを活用することが必ずできる．レビューアにとって初めての部品であっても，基準設計のモノと図面を観察して変更点を考えることで，問題を発見することができる．

最近，筆者は自動車産業以外の企業でも Quick DR の実施事例を指導することが多くなってきた．初めて見る製品ばかりであるが，事前にモノを見せてもらうことにより，本質的な変更点と変更による問題点を考えることができる場合が多い．

②　新設計と基準となる設計を比較することで問題を発見する

Quick DR は，基準設計から設計変更した点に着目して問題を発見し，未然に解決する手法である．基準設計の部品を観察しながら基準設計と新設計の図面を比較することにより，本質的な変更点は何かを考え，変更による問題を発見しよう．先行開発した試作品や光造形で作成した試作品があれば，基準設計の部品と比較することでさらに問題を発見しやすくなる．

設計エンジニアは部品を試作すると，その新設計の試作部品に視点を置いて

考えがちである．試作部品を観察しながら新設計で問題がないか考えることは大変有効であるが，試作部品を基準設計の部品と比較する，または図面を比較することにより，はるかに不利な変更点と，それにより起こりうる問題を発見しやすくなる．

図 41.1 の「1. 比較してみる」の事例では，新設計と基準設計を比較することにより，片持ち梁の長さや取付ボルトの距離が不利な方向に変更されていないかが考えやすくなり，容易に問題点を発見できる．

③ 機能の視点でモノを見て問題を発見する

設計エンジニアは自ら設計変更した部品に着目し，レビューアに変更点を説明することが多い．しかし，構成部品の部品図や単品の部品を見ても，本質的な変更点や問題を考えることはできない．締結やシールのような機能の視点で部品や図面を見ることにより，不利な方向の変更点とそれにより起こる問題を考えることができる．そのためには，構造がわかる組立図を比較することが必要である．一方，部品は組み立てた状態では機能部位の構成が見えない場合が多いので，組立図と単品部品の両面から見ることが有効な場合が多い．

図 41.1 の「2. 機能で見る」の事例では，締結という機能の視点で図面や部品を見て，ボルトのスパンや締結部品の板厚すなわち剛性の絶対値や板厚比，取付け面の精度等，不利な方向の変更点がないかを考えることが有効である．

④ 変更前後の断面図を比較して問題を発見する

締結構造，シール構造，摺動構造等，多くの機能部位の変更点を明確にするには，図 41.1 の「3. 断面を見る」の事例のように，断面図での比較が必要である．締結構造では，締結する部品の構成や締結面は断面図を見ないとわからない．シール構造も O リングをどのように保持，圧縮するか，シールリップがどのように接触しているのかは，断面図で確認する必要がある．摺動部もピ

ストンとシリンダーがどのように接触・潤滑しているのかを断面図で見る必要がある．

最近は3D CADの普及により，3Dのアイソメトリックビューが簡単に見られるようになった．その反面，断面図を作成して見ることが少なくなったことを懸念している．レビューアは断面図で比較することの重要性を，ぜひ設計エンジニアに伝えてほしい．

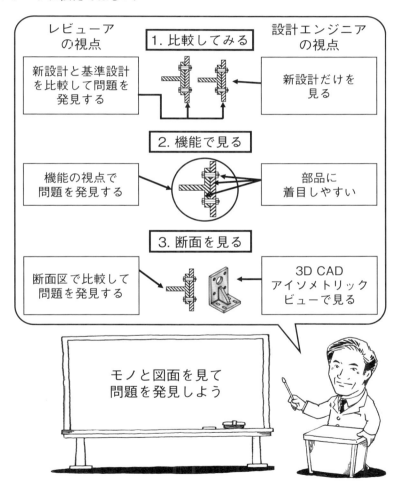

図41.1　モノと図面を見る

視点 42 「他にないか?」と聞いてみる

　市場で起きた品質問題を振り返ると，そのほとんどがなぜ気がつかなかったか，と悔やまれる簡単な失敗で起こっている．「他にないか？」という視点で広く考え，品質問題の流出を未然に防ぐ３つのポイントを解説する．

① 抜けがないことを徹底するほど抜けが起こる

　経営層は，重大な品質問題が起こるたびに，完璧な流出防止の観点から徹底的に抜けがないことを求めることが多い．経営層が抜けがないことを求めると，設計の現場では抜けがないことを経営層や監査部署に報告することにエネルギーを使うことになる．その結果，報告対象以外の所で未然防止が希薄になり，抜けが起こるリスクが増えることになる．品質問題の流出防止のためには，設計エンジニアが広く未然防止にエネルギーを使える仕組みが必要である．

　設計の現場に抜けがないことを求めるのではなく，広く問題を発見し，未然に防ぐ仕組みを構築することが必要であることを経営層は理解してほしい．

② 「他にないか？」という視点で広く見る

　レビューアが「抜けがないか？」と聞くと，設計エンジニアは答えられないだろう（図 42.1）．本当に抜けがないかは誰にもわからないからである．しかし，「他にないか？」と聞くことで，設計エンジニアの思考を刺激し，多くの気づきが生まれる．例えば，「他に考えるべき負荷条件がないか？」と質問することで，従来設計と同じ負荷条件では新設計では不十分なことに気づくかも

図 42.1 「抜けがないか？」と聞いてはいけない

しれない．

　設計エンジニアは問題とその要因を発見したことで思考停止することがある．「他に心配点はないか？」，「他に問題の発生原因はないか？」という質問で，起こりうる他の問題とその要因を見落としていたことに気づくかもしれない．

　「他に問題を解決する対応策は考えられないか？」という質問で，製造の対応をもっと簡便にする本質的な設計対策に気がつくかもしれない．

　多くの設計問題は，設計エンジニアが考えていなかったところで起こる．「他にないか？」という視点で広く考え，抜けていた問題を発見し，対策することが結果的には抜けがないことにつながることをレビューアは理解してほしい．

③　設計問題は設計すべき要因が抜けて起こる

　設計の問題は，設計エンジニアの検討が浅かったために起こることは少ない．大部分の失敗は，設計すべき要因が抜けていることによって起こる．**図42.2** の FTA 図で，設計問題は階層の深さが足りなくて起こるのではなく，設計すべき1次要因，2次要因に抜けがあるために起こる．この設計すべき要因

の抜けを考えるのが,「他にないか?」という視点である.

製造問題の要因分析は,起こった問題の技術的要因・管理的要因を深堀りすることが必要であり,深さ方向を考える「なぜなぜ分析」が有効である.しかし設計問題は,FTAの深さ方向ではなく幅方向,すなわち「他にないか?」が有効である.レビューアはこの設計問題と製造問題の違いを理解して,「他にないか?」を活用してほしい.

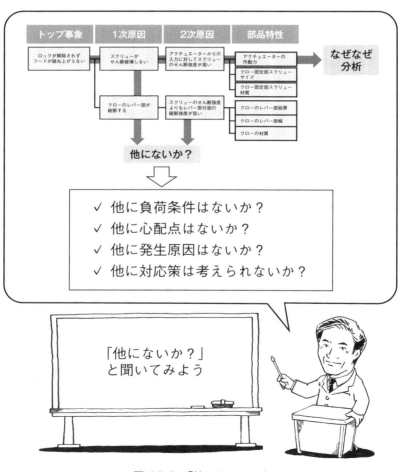

図42.2 「他にないか?」

視点 43　発見した問題を解決するまでがレビューアの役割

レビューアの役割は，新設計の問題を指摘することだけではない．起こりうる問題を発見し，それを解決する4つのコツを習得しよう（**図43.1**）．

① 問題を指摘するだけがレビューアの役割ではない

DRにおいてレビューアは，問題を指摘することが役割と考えていないだろうか．設計検討が不十分な点を指摘し，起こるかもしれない問題を指摘することだけがレビューアの役割ではない．

設計エンジニアはレビューアから多くの指摘を受け，宿題をたくさんもらうことを望んではいない．レビューアの知見，経験，洞察力によって設計エンジニアが見落としていた新設計に潜む問題を発見し，レビューアの技術力を借りて問題を解決することができればレビューアに感謝し，次もレビューを受けようと考えるだろう．設計エンジニアをサポートして，発見した問題を解決するまでがレビューアの役割と考えよう．

② 問題と要因をともに考える

レビューアは，過去の経験や知識から考えられるような一般的な心配点を挙げてはいけない．設計変更により起こりうる問題は，常にその問題が，なぜ，どのような条件で起きるのかをともに示そう．問題，すなわち起こってはいけない現象と，その要因を論理的に定量的に明確にすることで，その解決策を考えることができる．そのとき，現象と要因を明確に分けることも重要である．現象に対しては対策ができないが，原因に対しては対策ができるからである．

例えば，「疲労破壊する」という不具合現象に対しては対策できないが，「角Rを小さくしたことによる応力集中により疲労強度が低下する」という要因に対しては対策を考えることができる．

③ 発見した問題はその場で解決しよう

Quick DR のレビューでは，発見した問題をレビューアの知見と経験を駆使し，そのレビューの中で解決することを努力しよう．Quick DR では品質が確保されている基準設計があるため，起こりうる問題とその要因が想定できれば，比較的簡単に解決策を考えることができる場合が多い．情報が足りないためにレビューの中で対策が決められない場合も，少なくとも対策をどのように決めるかは決めておきたい．

視点 41（p.153）で述べたように，機能の視点でモノや図面を見て，変更点と変更による問題を考えることが重要である．機能の視点は，発見した問題の要因とその対策を考えるときも重要である．レビューアは DR の中で機能の視点で変更点を考え，変更による問題とその原因を考えることをリードして，発見した問題を解決する努力をしよう．

④ 対策の必要がないことも判断しよう

レビューアにとって，起こりそうな問題をすべて指摘し，すべて検討しておくように指示することは簡単である．その問題が万が一起きたときにも，指摘したとおりだ，ということができる．しかしこの結果，設計エンジニアは指摘された問題が起きない理由を示し，対策が必要ないことを説明するために多くの時間を割くことになる．

レビューアの経験と知見から，「この問題は起こらないので対策の必要はない」ということを示すことができれば，設計エンジニアにとって大きな付加価値である．起こらないことを説明する時間を，起こりうる問題の解決に使うことができるからである．

視点 43　発見した問題を解決するまでがレビューアの役割　　*161*

　研ぎ澄まされた技術力と判断力で対策の必要がないものを判断し，設計エンジニアが起こる問題の解決に集中できるようにしよう．

図 43.1　問題を解決するまでがレビューアの役割

視点 44　指示するときは明確に具体的な指示をする

　レビューアは問題点を指摘しその対応を指示するのではなく，質問力を駆使して設計エンジニアの気づきを引き出すことで，彼らの育成と正しいアクションにつなげることが重要である．しかし，まったく指示をしてはいけないというわけではなく，指示が必要な場合もある．レビューアが受審者に指示を出すときの4つのコツを習得しよう（**図44.1**）．

① 予告してから指示をする

　設計エンジニアは，上位者であるレビューアの前ではやはり緊張していることがある．緊張の中いきなり指示を受けても，即座に理解できないかもしれない．レビューアは指示する前に「実施してほしいことがあるので伝えますが，いいですか」と予告の言葉を設計エンジニアにかけてみよう．いきなり指示をするのではなく間をとることで，設計エンジニアは指示を受け入れる準備ができる．

② 具体的なアクションを指示する

　指示をする場合は，設計エンジニアがアクションできる具体的な指示が必要である．あいまいな指示によりレビューアの意図と設計エンジニアが実施することにギャップが生じると，手戻りが起こる．指示が必要な場合は，設計エンジニアが正しく実行できる具体的で，明確な指示を出そう．

　最もあいまいな指示は「検討しておきなさい」である．レビューアが問題を指摘して「すべて検討しておきなさい」という指示を出すのが設計エンジニア

にとっては最悪である．「何を」，「どのように」検討するか決めておかないと実行できない．「解析をしておきなさい」や「実験で確認しておきなさい」ではまだあいまいである．どのような解析手法で，どのような実験手法で，何を，どのように解析するか，計測するか，その結果で何をどのように決めるかをレビューアと設計エンジニアで共有化し，手戻りを防ごう．

③ 設計対策は図面に落とせるレベルで指示する

設計対策は生産図面に織り込むことで初めて実現される．設計対策を指示する場合は，図面に正しく落とせるレベルで指示することが必要である．「最適な材料を選択する」というあいまいな指示では，図面に正しく落とすことができない．選択する材料を決めるか，少なくとも材料選択につながる材料特性と特性値を決めておく必要がある．断面形状や寸法も同様に定量的に決めることが必要である．

設計対策を指示する場合は，図面に正しく落とせるレベルで，具体的に定量的に指示しよう．

④ 誰が実施するかを決定するのもレビューアの付加価値

指示したことを誰が実施するかをレビューアの責任と権限で決めることも，レビューアが産み出せる重要な付加価値である．

例えば，DR の中で設計対策を決めるために入力荷重を測定する必要があることに気がつくことがある．レビューアから「入力荷重を測定しよう」と指示を受けた設計エンジニアは，入力測定の実験が実施できる部署との調整という宿題をもらったことになる．

忙しい開発実験の部署に追加の仕事を依頼し，実施してもらうのは設計エンジニアにとっては楽な仕事ではない．レビューの中でレビューアの責任と権限でどの部署で実施するか決めることができれば，設計エンジニアの負担を軽減

することができる．また，DR に実験部署が参加していれば，具体的な実施内容がその場で決定できる．

図 44.1　明確に具体的な指示をする

視点 45　正しい技術的判断を伝えることがレビューアの責任

DRはレビューアのお墨付きをもらう場ではない．正しい技術的判断を伝える2つのコツを習得しよう．

①　レビューアはお墨付きを与えてはいけない

未然防止のためのDRの目的は，レビューアの知見や経験で新設計の問題を発見し，未然に防止することである．設計エンジニアがDRを品質ゲートと考え，通すことを目的とすると未然防止の場にはならない．また，設計エンジニアがDRをレビューアの決済，すなわち「お墨付き」をもらう場と考えると，これも問題である．新たな設計に対してレビューアがお墨付きを与えると，いつもレビューアがお墨付きを与えなければ設計が決まらないことになる．

②　正しい技術的な判断とその根拠を伝える

日産自動車でDRのレビューアの認定制度を導入したときに，設計品質の責任を明確にした．設計品質の達成責任はすべて設計部長とし，レビューアの責任は正しい技術的な判断をすることとした．レビューアはDRでお墨付きを与えるのではなく，正しい技術的な判断を行い，それに基づいて品質目標を達成するのは図面の責任をもっている設計エンジニア，設計部長の責任とした．

レビューアは，正しい技術的判断とその技術的な根拠を設計エンジニアに伝える．設計エンジニアはお墨付きではなく技術を受け止めて成長につなげ，自部署に持ち帰ることで次の設計に生かすことができ，レビューアは次の新たな設計の未然防止に専念することができる（**図45.1**）．

図 45.1　正しい技術的判断を伝える

第7章のまとめ
問題発見と解決のためのレビューポイント

1. 設計エンジニアが考えていない領域に目を向ける
   - 性能向上，機能向上対策の他への影響
   - 部品の境界領域，設計分担の境界領域
   - 変更の組合せによる相互作用

2. モノや図面を見て問題を発見する
   - 新設計と基準設計を比較して見る
   - 機能の視点で見る
   - 断面図を比較して見る

3. 「他にないか？」と聞いて気づきを引き出す

4. 発見した問題を解決するまでがレビューアの役割と考える

5. 指示するときは，設計エンジニアがアクションを実行できる明確で具体的な指示をする

6. レビューアは設計エンジニアに正しい技術的判断を伝える

Quick DR 導入企業の声

カルソニックカンセイ株式会社
グローバルテクノロジー本部 品質向上推進グループ
シニアエキスパートエンジニア／Quick DR 認定講師
大工原　友幸

[キーメッセージ]

Quick DR を"進める","質を高める"キーパーソンは,Quick DR Pilot です.当社では,その Quick DR Pilot の育成に力を入れています.

[会社紹介]

当社は自動車部品の開発,製造を一貫して行っています.多くの自動車メーカーと取引をさせていただいており,世界 15 カ国において売上高は 1 兆円（2015 年度）となっています.当社は 4 つの事業本部から構成され,コックピットモジュール（CPM）などの内装製品,メータをはじめとした電子・電装製品,ラジエータなどの熱交換製品,エアコンユニットなどの空調製品,コンプレッサー製品,マフラーなどの排気製品の 6 つの製品群を扱っています（**図 1**）.

[Quick DR 導入の取組みとその成果]

当社は以前からデザインレビュー（以下,DR）を実施しておりましたが,技術論議のほか,諸々のチェックを含む移行審査も兼ねた内容を,新規性の高低に関わらず実施していました.その当社も,効果的・効率的な DR 遂行のために Quick DR を導入し,新規性の低い開発に適用することとしました.

DR の資格体制は,日産自動車の認定制度と同様な体制（**図 2**）を構築しています.当社では役職として DR Reviewer を置き,Quick DR Reviewer は各部署の部長が任命する形としています.

さらに当社においては,Quick DR の考え方が技術者の技術的思考を強化す

る，すなわち本質的に技術検討をする思考力向上という意味でも，非常に有効と考えています．Quick DR は「Quick」という名から"簡単な"とイメージされてしまうこともありますが，"本質的に"，"技術的に"，"物理的に"という観点で徹底的に比較し，検討するところがポイントで，「安易な部品の比較検討」から「本質的な技術検討」へと導く効果があります．この思考力向上が，技術の向上，技術者育成につながると考えています．

この思考力向上にはコツが必要であり，それをリードしていく人財が Quick DR Pilot です．当初は各事業部に数名の Pilot を育成する方針で進めてきましたが，各技術領域数に応じた Pilot を配置するという方針に変更し，Pilot の育成を加速させています(**図3**，**図4**)．

図1　当社の扱う製品群

図2　DR の資格体制

図3　Quick DR Pilot 研修

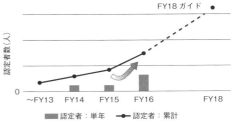

図4　Quick DR Pilot 認定者数

［新たに導入を検討している企業へのメッセージ］

　Quick DR は，限られたリソースの中で効果的に不具合の未然防止を図るうえで有効なしくみであるとともに，「本質的な技術検討」という観点で非常に有効です．実際にはコツを会得した人財が技術検討をサポートすることが大事であり，Quick DR Pilot が肝になります．ぜひ，Pilot の育成を進めて，より効果的な Quick DR に導いてください．

第8章

設計品質問題の解決と再発防止の仕組みを構築する

> **Key Message**
>
> 設計要因の品質問題の解決と再発防止のプロセスや手法は,生産工程で製造の要因で発生する品質問題の解決,再発防止とは異なる.設計品質問題の解決と再発防止の仕組みの構築が必要である.

視点 46 設計品質問題に有効な問題解決と再発防止の仕組みを考える

　未然防止とともに，設計問題の効果的な再発防止も重要である．しかし多くの企業で実施されている品質問題の解決と再発防止は，製造における問題を解決する手法や製造問題の再発を防止するプロセスを基調としたものである．設計品質問題に特化した効果的な問題解決と，再発防止の仕組みについて，4つのポイントを解説する(**図 46.1**)．

① 過去トラはためるだけでは役に立たない

　ある欧州を拠点とした大手の自動車部品メーカーとの設計品質に関するトップミーティングの場で，その会社の強みとして品質問題の再発防止を1万件以上蓄積し，検索エンジンを整備し活用しているとの報告があった．しかし，その内容はほぼすべてが製造問題であった．この例と同様に，過去の品質トラブルを「過去トラ」と呼び，蓄積することに注力している製造業は多い．

　しかし，過去トラを多く蓄積しただけでは品質はよくはならない．次の製品に活かせる形で蓄積し，適用することで品質はよくなる．特に設計問題は次の設計に活かせる技術的再発防止策を蓄積し，必ず適用することで品質向上につながる．

　設計問題の再発防止の仕組みは，ためることよりそれを活かすことに視点をおいて構築しよう．

② 製造問題の問題解決プロセスを設計問題に適用してはいけない

　製造問題を基調とした問題解決の手法やプロセスは，設計に起因する品質問

題には必ずしも有効ではない．製造問題に対して設計問題の解決は，技術的な要因分析が重要かつ難しい場合が多いことから，異なる手法が必要である．また毎日同じ作業を繰り返す製造に対し，長いサイクルの設計開発では再発防止のプロセスが大きく異なる．したがって，設計品質問題に特化した問題解決と再発防止の手法とプロセスが必要である．

日産自動車では品質保証部門が従来から実施していた品質問題の再発防止に加え，設計品質問題の再発防止の手法とプロセスを開発し，適用してきた．その詳細は視点 49 (p.185) で解説する．

③ 技術不足による問題は仕組みでは解決できない

品質問題の再発防止を実施するとき，技術的な再発防止だけではなく，その背景にある管理的な要因の再発防止が重要である，と説いている解説書は多い．これは製造問題の解決，再発防止では正しいが，設計問題では技術的な要因に対する技術的な再発防止が重要となる．設計の技術不足による問題は，仕組みでは解決できないからである．100 件の技術的再発防止策は企業の宝になるが，100 の仕組みをつくったら設計の仕事は回らなくなる．技術不足による問題を仕組みの改善でごまかすような再発防止をしてはいけない．

④ 技術的再発防止策は一般化してはいけない

再発防止策は広く活用できるように一般化することを推奨している解説書も多い．これは本質的には正しいが，一般化ではなく抽象化したあいまいな再発防止策になりかねない．同じ問題を起こさないために「やるべきこと」，「やってはいけないこと」を具体的に示すことで，次の設計に確実に落とし込むことができる．

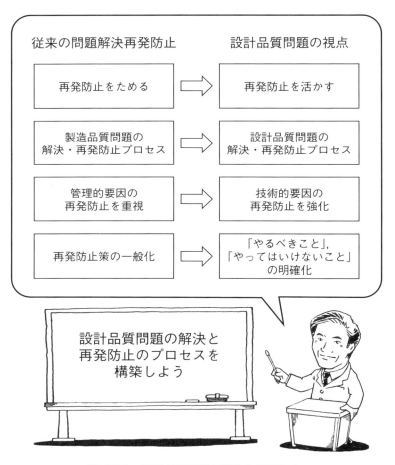

図 46.1　設計品質問題の解決と再発防止

視点 47　設計と製造の違いを理解して問題解決プロセスを構築する

　開発・設計と製造は，仕事のサイクルと起こりうる品質問題が本質的に異なる．この違いを理解し，設計品質問題を解決し再発を防止する手法とプロセスを構築する3つのポイントを解説する．

①　開発・設計と製造の本質的な違い

　問題解決において，開発・設計と製造現場の本質的な違いは，仕事のサイクルの違いである．製造現場では毎日同じ作業を繰り返すため，起きた問題の解決と管理的要因の再発防止の適用，およびその水平展開を同時に速やかに実施する必要がある．一方，今起きている設計品質問題を解決できるのは，技術的要因に基づく設計的な技術対策だけである．その問題をつくり込んだ，または流出させた要因の再発防止が役に立つのは，将来の設計である．

　したがって，設計問題の再発防止は，問題を技術的に解決した後に正しい技術的要因を踏まえて実施すればよい．

②　8Dプロセスは製造品質問題の解決プロセス

　問題解決の標準的なプロセスとして「8Dプロセス」がある(**図 47.1**)．米国のフォード・モーター社が調達先の部品メーカーへ品質問題の解決プロセスとして展開し，その後広く欧米の自動車関連企業に広まった手法である．

　自社の工程内不良や納入先で発見された納入不良の問題解決には，なぜなぜ分析や特性要因図を活用した手法と，技術的要因と管理的要因を同時に考えるプロセスは適切である．しかし，品質保証部門が設計問題には不適であること

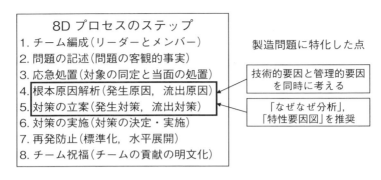

図47.1　8Dプロセスの例

を理解せずそのまま適用した結果，設計の現場では有効に機能していない企業もある．

③　設計品質問題に適用できる問題解決プロセスを構築する

　市場で発生した設計に起因する品質問題と，製造工程で発生した製造品質問題の問題解決と再発防止の違いを，**図47.2**に示す．長い設計開発期間と毎日同じ作業を繰り返す製造現場の仕事のサイクルの違いから，問題解決の手法と再発防止のプロセスが異なる．

1)　問題解決手法の違い

　製造現場では，技術的要因とその背景にある管理的要因を同時に考えるため，なぜなぜ分析で深堀をすることと特性要因図で要因を整理することが有効である．一方，市場で起きた品質問題は不具合現象の把握とその要因を漏れなく分析することが必要であり，FTAのように要因を漏れなく重複なく分析する手法が必須である．FTAについては，次の視点48で詳しく解説する．

2)　再発防止プロセスの違い

　設計問題の技術的要因，つくり込んだ要因，見逃した要因に対する再発防止が適用できるのは，将来の設計である．また，再発防止は正しい要因と対策に

基づいて決定しなければ有効ではない．これらの理由から，設計品質問題の再発防止は問題が解決した後で考えればよい．これについては，視点49（p.185）で解説する．

	市場で発生した設計品質問題	生産工程で発生した製造品質問題
仕事のサイクル	長い開発期間	毎日同じ作業の繰り返し
問題解決	技術的要因に対し対策	技術的要因と管理的要因に対し対策
再発防止プロセス	問題を解決した後で再発防止を考える	問題解決と再発防止を同時に考える
要因分析のツール	FTA＋IS/IS not	なぜなぜ分析 特性要因図

図47.2　設計品質問題と製造品質問題の違い

視点 48 設計品質問題の解決に FTA を活用する

設計品質問題の要因解析には，FTA が有効である．FTA を活用し，要因図解析を行う 3 つのポイントを解説する．

① 技術的要因解析に FTA を活用する

設計品質問題の解決プロセスを**図 48.1** に示す．技術的要因の解析に FTA を活用することを推奨する．

「FTA」(Fault Tree Analysis)とは，製品の故障をトップ事象として，その要因を階層的に展開し，その発生原因と発生確率を分析する手法である(**図 48.2**)．電子部品への適用から始まった手法であるが，日産自動車の Full Process DR では機械系の故障の未然防止にも活用している．FTA は，故障の要因を漏れなく技術的に解析するときにも有効な手法である．開発時に作成した FTA を，市場で起きた問題の解決にも活用できるのが FTA のメリットである．

図 48.1　設計品質問題の解決プロセス

② 技術的要因を MECE に考える

「MECE」(Mutually Exclusive and Collectively Exhaustive)とは，「"重複なく"かつ"漏れなく"」という意味で，マッキンゼーが導入したロジカルシンキングの手法である．技術的な問題の要因を考えるときにも有効かつ重要な思考法である．故障の要因を MECE に展開する方法として FTA が最も適切であるため，これを推奨している．

製品の故障を MECE に展開するためには，製品を構成する要素すべてに着目して展開する方法がある．またその製品が作動するシーケンスを整理し，すべてのシーケンスに着目して展開する方法もある(**付録 4 の図 3**)．

③ FTA と IS/IS not を組み合わせて真の原因を推定する

「IS/IS not」とは，「KT(ケプナー・トリゴー)法」における問題分析手法で，「IS」と「IS not」を比較することで問題を分析する手法である(**付録4の図2**)．「IS」とは「起きていること」，「IS not」とは「起きてもおかしくないが起きていないこと」である．

FTA と IS/IS not を組み合わせて故障の原因を特定する手法は，筆者がボッシュ社に在籍中に既存の製造問題を基調とした問題解決手法を設計問題に拡張するために開発した手法である．その実施ステップを次に示す．

Step 1：起きている事実を確認する
Step 2：事実を IS/IS not で整理する
Step 3：問題が発生しているシステムの構成と作動シーケンスを把握する
Step 4：システム構成または作動シーケンスに基づいて MECE に FTA を作成する
Step 5：FTA で特定した要因と IS/IS not の比較表を作成する
Step 6：IS/IS not を説明できない要因を棄却し，説明できる真の要因を特定する

ボッシュ社における設計エンジニアのトレーニング用に開発した演習課題を，ボッシュ社の協力により付録4に掲載するので，参考にしていただきたい．

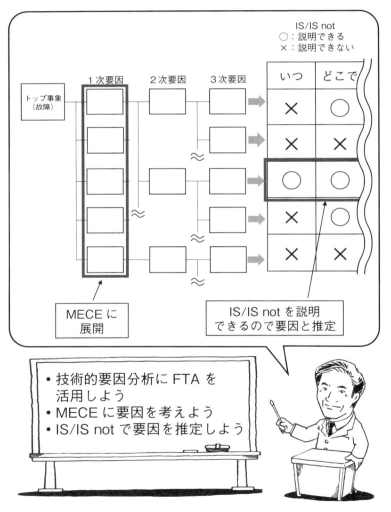

図48.2　設計品質問題の解決にFTAを活用する

付録4　FTAとIS/IS notによる要因分析事例

Step1　起きている事実を確認する（図1）

- A部署の全員が，水曜日から101棟のドアをIDカードで開けることができなくなった．
- A部署の全員が，メインゲートをIDカードで通ることができた．
- 101棟に入っている他部署（B・C・D部署）の人は，IDカードで101棟のドアを開けることができる．
- 102棟に入っている全部署では，同じ問題が起きていない．

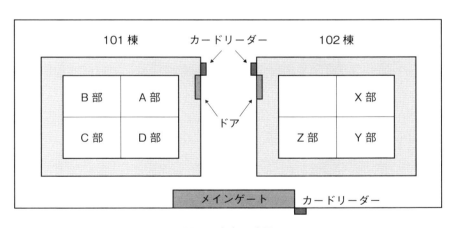

図1　事実の確認

Step2 事実を IS/IS not で整理する(図2)

IS　　：起きていること
IS not：起きていてもおかしくないが起きていないこと

	IS	IS not
What/Who (何が／誰が)	A 部署全員	A 部署以外の 101 棟従業員
Where (どこで)	101 棟ドア	正門ドア 102 棟ドア
When (いつ)	今日	昨日まで
How often (どのように)	カードを読み込ませた ときは必ず発生する	発生するときと しないときがある

図2　IS/IS not

Step3　問題が発生しているシステムの構成と作動シーケンスを把握する(図3)

Step4　システム構成または作動シーケンスに基づいて MECE に FTA を作成する

Step5　FTA で特定した要因と IS/IS not の比較表を作成する(図4)

Step6　IS/IS not を説明できない要因を棄却し，説明できる真の要因を特定する

付録4　FTAとIS/IS notによる要因分析事例　　*183*

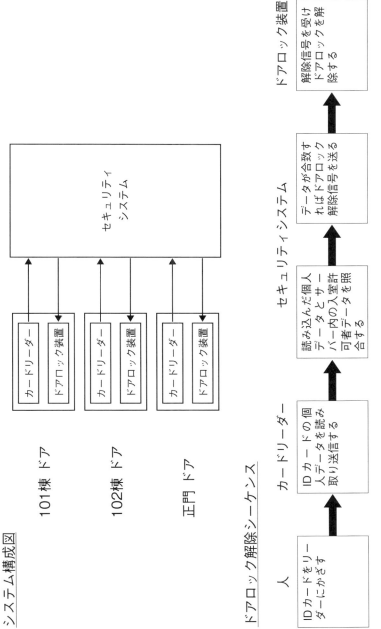

図3　システム構成と作動シーケンス

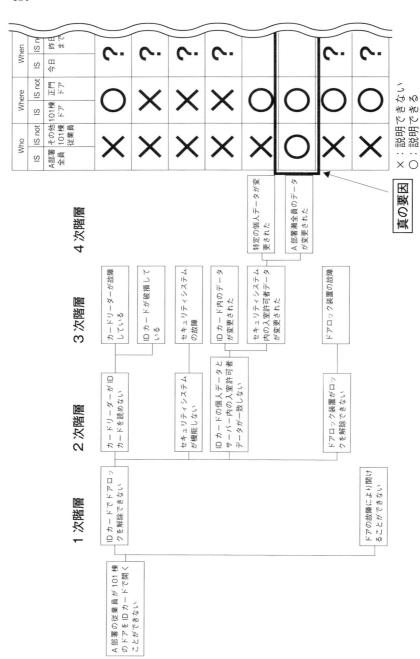

図4 FTA と IS/IS not による要因解析

視点 49 設計品質問題の再発防止プロセスを構築する

日産自動車では，設計品質問題に特化した再発防止プロセスを開発・適用してきた．設計品質の問題の技術的要因と管理的要因の分析と，再発防止策の策定，適用のプロセスについて，3つのポイントを解説する（**図 49.2** ／ p.187）．

① 設計品質問題の再発防止は問題が解決してから実施する

設計品質の問題の再発防止は，製造品質の問題とは異なりすぐに実施する必要はない．また設計品質の問題の技術的再発防止は技術開発を伴うために，すぐには完了できない場合が多い．製造問題を基調とした問題解決プロセスでは，再発防止策の決定が完了条件になっている．そのため問題解決をクローズするために技術的な再発防止が弱い，または管理的な再発防止で済ませることが起こりがちである．

日産自動車の設計品質問題の再発防止プロセスでは，品質問題が解決した後に再発防止を開始するプロセスとした．また，技術開発を伴う再発防止が必要な場合は，技術開発計画の策定をもっていったん完了として，その後品質部署が技術開発の実行をフォローするとともにサポートする仕組みとした．

② 技術・仕組み・人の視点から要因を解析する

技術的要因を特定し対策を決定した後に，その設計品質問題の要因を「技術が足りなかった」，「技術はあったがそれを適用する仕組みに不備があった」，「技術も仕組みもあったが担当者が知らなかった」の3つの視点から解析する．

技術が足りない場合は，必ず足りなかった技術を開発し標準化することが必

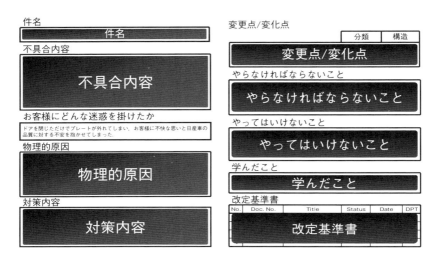

図 49.1　Lesson Learned Report

要であり，難しい問題は技術開発計画に落とし込んで確実に実施する仕組みも必要である．

　仕組みの要因は，その問題を「なぜつくり込んだか」，「なぜ見逃したか」の視点で開発の経緯を時系列に追って，本来あるべき姿と実際に実施したことを比較して解析する．その結果を設計プロセスの改善と実験手法，評価基準の見直しに落とし込む．

　人の問題は決して個人の責任に落としてはいけない．組織的な要因を捉え，教育などに落とし込むことが有効である．

③　技術的再発防止を必ず新設計に織り込む仕組みを構築する

　技術的再発防止は新設計に活かして初めて価値を生む．新設計に活かせるように具体的方策に落とし込むとともに，確実に活用する仕組みが必要である．

　第1章(p.11)で紹介したLLR(Lesson Learned Report)は，この目的のために導入した仕組みである．**図 49.1**にLLRの記載内容を示す．設計起因の品質

問題の技術的な再発防止策を LLR として蓄積する．新型車の構想段階で品質推進部署がその車種に織り込むべき LLR を抽出し，担当設計部署に展開して，設計部署はすべての必要な LLR を量産図面に織り込む．設計部門の品質推進責任者と新車開発のリーダーが共同議長となり，開発の節目ごとに LLR の適用とその効果について審議する仕組みとした．

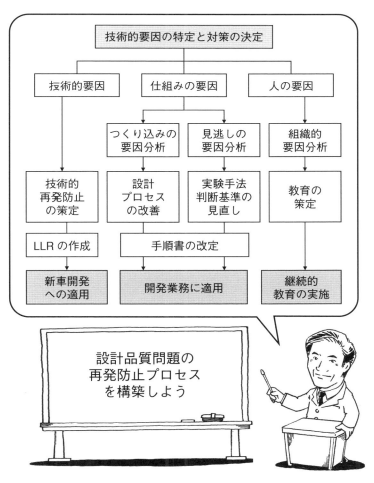

図 49.2　設計品質問題の再発防止プロセス

視点 50　品質問題の芽は自ら発見する

　市場で発生している品質問題を，客観的品質データの分析と回収した現品の分析で発見する仕組みをつくり，自ら発見する文化を醸成する3つのポイントを解説する(**図50.1**)．

①　客観的品質データを分析し品質問題を発見する

　市場で発生している品質問題を発見するためには，客観的品質データの分析が必要である．自動車の場合，お客様が販売店へ修理を依頼するとワランティーが発生する．部品ごとのワランティー請求額を分析することで傾向的な不具合を発見することができる．一方，お客様が修理を依頼しない製品に対する不満は，お客様サーベイの結果を分析することで，傾向的な不満を発見することができる．J.D. パワー社のIQS(Initial Quality Study)などが活用されている．

②　回収した製品を分析して品質問題の芽を発見する

　市場から車両や部品を回収し分析することにより，品質データだけではわからない問題を発見することができる．
　Full Process DR を適用した新規性の高い設計は，対象部品を市場から回収し調査する．経時劣化型の不具合は，その兆候を早期に発見し，改善することにより不具合の拡散を防ぐ効果がある．
　日産自動車では，未知のお客様の使い方，環境要件などがありうる海外市場からは，発売開始後1年および3年の車両を100台規模で回収し，分析を行っ

ている．設計エンジニアが回収車両を直接観察することで，多くの発見があった．

③ 設計エンジニアが自ら品質問題を発見する文化を醸成する

品質向上は品質問題の発見から始まる．再発防止は，製造工程から市場で起きている品質問題を発見して解決し，再発防止策を標準化し，次の設計に活かすことである．未然防止は，新しい設計に内在する問題を発見し，未然に防止することである[6]．

品質保証部門の要請により品質改善をするだけではなく，品質問題を設計エンジニアが自ら発見する文化を醸成することが，継続的品質向上の原点である．

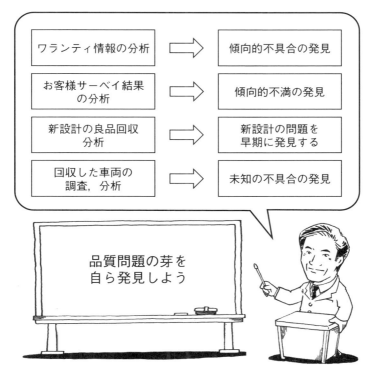

図50.1　品質問題の芽を自ら発見しよう

第8章のまとめ

設計品質問題の解決と再発防止プロセス

問題の発見
- ワランティ情報の分析
- お客様サーベイ結果の分析
- 良品回収/分析（車両，部品）

問題の解決
- 技術的要因の特定（FTA・IS/IS not）

- 設計対策の決定，効果確認

- 製造への適用

問題の再発防止

技術的要因の再発防止	管理的要因の再発防止

新車の設計への適用	設計業務への適用

Quick DR 導入企業の声 ⑧

河西工業株式会社
トリム開発グループ　第1設計部　担当部長
坂井　澄充

[キーメッセージ]

　Quick DR は，基準設計を適切に選択し，変更点・変化点を確実に捉えることで課題が明確になり，効率的で集中した技術論議ができるようになります．

[会社紹介]

　当社は，1912年に八王子市に織物工場を設立して以来，内装専門メーカーとして，お客様の"見て・触って・感じる"視点から，競争力を高める製品設計を行い，企画・設計・製造・サービスまで一貫した製品づくりに取り組んでいます．また自動車メーカーの急速なグローバル展開と拡充に対し，北米・欧州・アジアをはじめ，一早く海外戦略を展開してきました．

[Quick DR 導入の取組みとその成果]

　内装部品はお客様の目に触れる造形部品であるため，車種ごとに新規に設計し，毎回新図となります．開発品質の担保には，新しい設計による新たな問題を未然防止することが必要不可欠です．デザインレビュー(以下，DR)をムダなく実施できるよう，当社では2010年に Quick DR を導入しました．活用主体の設計部に推進事務局を設け，以下の2つの柱で取り組んでいます．それぞれの成果を示します．

1. **Quick DR を会社の開発プロセスに組み込む**

　　＜成　果＞

　　1)　開発初期から，設計エンジニアがお手本となる基準設計が何かを考え，そこからの変更点・変化点が何かを明確に定義するようになり，"基本的

に流用"というあいまいな解釈で新規設計を行うことがなくなった．
2) 「変更点一覧」を設計変更時の正式帳票としたことで，設計エンジニアがチーム内での心配ごととその対応策について，論点を絞って論議するようになった．
3) 自動車メーカーに設計変更を説明する際の手際が良くなり，即断・即決していただける事例も見られるようになった．

2. Quick DR の研修を年度内で計画的に行う

＜成　果＞
1) レビューア研修：DRを有効に機能させ付加価値を高めるマインド・スキル（設計エンジニアの話を聴く力，課題を顕在化させる質問力など）を共有することで，各部門の知見者の英知が結集しやすくなった．
2) Pilot研修（事例相談会）：Pilotとレビューアが全員の事例を一緒に学ぶことで，複雑なサブシステムでも機能で整理し，設計標準からの変更点・変化点を捉えるスキルが向上した（図1）．
3) 事例発表会：毎年，良い適用事例を厳選して発表することで，「変更点一覧」，「DRBFM」を効率的に作成する雛形がストックされてきた（図2）．
4) Crew研修：2010年からの積み重ねで受講者は300名を超え，設計エンジニアのみならず，関連部署（品質保証，生産技術，実験，先行開発ほか）でも変更点・変化点が共通言語になってきた．

図1　Pilot 研修

図2　事例発表会

［新たに導入を検討している企業へのメッセージ］

　Quick DR で未然防止を図ることは，設計標準の向上と，設計エンジニアの能力向上につながります．また Quick DR を推進・定着させるには，会社の仕組みとセットで導入すること，そして OEM からの後押しを受けることが有効です．

参考文献

［1］　大島恵，奈良敢也：『日産自動車における未然防止手法　Quick DR』，日科技連出版社，2012．
［2］　大島恵，奈良敢也：『日産自動車における品質ばらつき抑制手法　QVC プロセス』，日科技連出版社，2014．
［3］　吉村達彦：『トヨタ式未然防止手法・GD^3』，日科技連出版社，2002．
［4］　吉村達彦：『想定外を想定する未然防止手法・GD^3』，日科技連出版社，2011．
［5］　吉村達彦：『発見力』，日科技連出版社，2016．
［6］　本間正人，松瀬理保：『コーチング入門』，日本経済新聞出版社，2002．
［7］　清水浩和他：『"Q の確保"』，日本規格協会，2010．
［8］　大島恵：「Quality Leadership 実現に向けた継続的品質改善活動」，『日産技報 2009 No65』，2009．
［9］　大島恵，奈良敢也，吉村達彦：「Quick DR による不具合不満の未然防止」，『学術講演会前刷集 No119-10』，自動車技術会，2010．
［10］　大島恵，奈良敢也，吉村達彦：「クイックデザインレビューによる不具合不満の未然防止」，『第 41 回信頼性・保全性シンポジウム発表報文集』，日本科学技術連盟，2011．
［11］　Megumu Oshima, Kanya Nara, Tatsuhiko Yoshimura："Prevention of Defects and Customer Dissatisfaction using Quick Design Review"，*SAE Technical Paper*（2011-01-0510），SAE，2011．

索　引

【英数字】

8Dプロセス	175
B to B ビジネス	20
B to C ビジネス	20
DR Expert	24
DR Reviewer	24
DRBFM	53, 61, 64
──ワークシート	32, 119
DR ツール	30, 32
DR プロセス	30, 35, 82
DR レビューア	31, 38
FMEA	53, 55, 64
──ワークシート	32, 56
FTA	53, 54, 178
Full Process DR	40, 91
GDS	11
Good Design Sheet	11
IATF 16949	82
Initial Quality Study	188
IQS	188
IS/IS Not	179
ISO 9001	82
Lesson Learned Report	11
LLR	11
MECE	179
Mutually Exclusive Collectively	
Exhaustive	179
QS 9000	82
Quality Variation Control	11
Quick DR	94
Quick DR Crew	25
Quick DR Pilot	25
QVC	11

【ア行】

アクティブリスニング	136
オープンクエスチョン	14

【カ行】

過去トラ	172
基準設計	108
機能部位	104
機能ブロック図	55
境界領域	151
共感力	143
クローズクエスチョン	140
傾聴力	136
ゲート管理	82, 85
コーチング	130
──スキル	134
コミュニケーション力	133

【サ行】

再発防止	*10, 172*
──プロセス	*185*
システム構成図	*71*
質問力	*139*
設計の新規性	*40, 88*

【タ行】

ティーチング	*130*
特性要因図	*54, 175*

【ナ行】

なぜなぜ分析	*53, 175*

【ハ行】

品質工学	*53*
品質フレームワーク	*4*
変更点一覧表	*67*
変更の組合せ	*151*
他にないか？	*156*

【マ行】

未然防止	*10*
無償修理・交換	*3*
モノ造り品質フレームワーク	*5*
問題解決	*172*
──プロセス	*176*

【ワ行】

ワランティー	*3*

[著者紹介]

大島　恵（おおしま　めぐむ）

1976 年	慶應義塾大学大学院工学研究科修士課程修了
1976 年	日産自動車株式会社入社　主に強度信頼性設計，実験，振動騒音開発に従事
1998 年	車両システム実験部部長，シャシー設計部部長，車両要素設計部部長を歴任
2005 年	車両品質推進部部長，品質エキスパートリーダーとして品質向上に取り組む
2012 年	ボッシュ株式会社　シニア・ジェネラル・マネージャとして品質指導を行う
2014 年	日産自動車株式会社　技術顧問
2017 年	日産自動車 Quick DR エキスパート講師 日科技連　Quick DR コンソーシアム代表
受　賞	自動車技術会浅原賞学術奨励賞受賞，日本科学技術連盟　第 41 回信頼性・保全性シンポジウム推奨報文賞受賞
著　書	『日産自動車における未然防止手法 Quick DR』（共著，日科技連出版社，2012），『日産自動車における品質ばらつき抑制手法 QVC プロセス』（共著，日科技連出版社，2014）

日産自動車における未然防止手法
Quick DR　実践編

2018 年 3 月 16 日　第 1 刷発行
2024 年 10 月 3 日　第 5 刷発行

著　者　大　島　　　恵
発行人　戸　羽　節　文

検印省略

発行所　株式会社 日科技連出版社
〒151-0051　東京都渋谷区千駄ケ谷 1-7-4
渡貫ビル
電話 03-6457-7875

印刷・製本　NS 印刷製本㈱

Printed in Japan

© Megumu Oshima 2018
ISBN 978-4-8171-9642-2

URL http://www.juse-p.co.jp/

本書の全部または一部を無断でコピー，スキャン，デジタル化などの複製をすることは著作権法上での例外を除き禁じられています．本書を代行業者等の第三者に依頼してスキャンやデジタル化することは，たとえ個人や家庭内での利用でも著作権法違反です．

日産自動車の
モノ造り品質フレームワークを学ぶ

デザインレビューによる
未然防止手法
Quick DR を学ぶ

機能展開と品質工学を
組み合わせた
品質ばらつき抑制手法
QVC プロセスを学ぶ

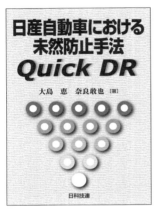
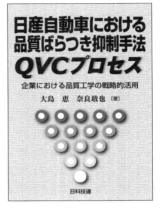

設計エンジニア，レビューア，トップマネジメントに向けた
Quick DR の実践書

日科技連出版社の図書案内は，ホームページでご覧いただけます．
URL http://www.juse-p.co.jp/